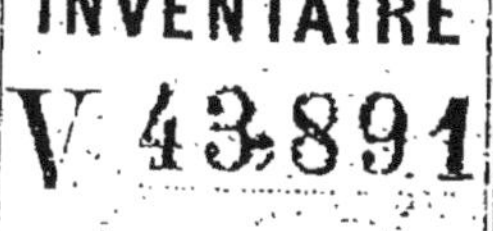

MANUEL

des

POIDS

et

MESURES

du

PAS-DE-CALAIS.

MANUEL

DES

POIDS ET MESURES

DU

PAS-DE-CALAIS.

Les formalités voulues par la loi ont été remplies ;
tout exemplaire qui ne portera pas ci-dessous la
signature de l'auteur et celle de l'éditeur sera
réputé contrefait.

MANUEL
DES
POIDS ET MESURES
DU
PAS-DE-CALAIS,

PAR

E. F. LARZILLIÈRE;

ANCIEN PROFESSEUR DE MATHÉMATIQUES AU COLLÉGE D'ARRAS;

MEMBRE HONORAIRE DE L'ACADÉMIE DE CETTE VILLE;

PROFESSEUR DANS L'ACADÉMIE DE PARIS.

Prix : 75 centimes.

ARRAS :

IMPRIMERIE DE GORRILLIOT-LEGRAND,
Libraire et Lithographe, rue St Gery, 259.

1839.

Abréviations.

A, a . . . . Arc.
art. - . . . . article.
c. . . . . centi.
C, c, cub. . . . . cube.
D. . . . . Déca.
d. . . . . déci.
F, f. . . . . Franc.
G g. . . . . Gramme.
H. . . . . Hecto.
K. . . . . Kilo.
li. . . . . lieues.
li. . . . . ligne.
liv.. ou ᵗᵗ, O, G, g. . . livre, once, gros, grain.
L. l. . . . . Litre.
M. . . . . Myria.
m. . . . . milli.
M. m. . . . . Mètre.
p. . . . . page.
pi. . . . . pied.
po . . . . pouce.
Q, q. , ... quarré.
S, st. . . . . stère.
t, tab. . . . . table ou tableau.
T. t. . . . - , , ... Toise.
V, v. . . . . Voyez.

AVIS IMPORTANT.

Le lecteur est instamment prié d'observer que la loi qui prohibe sous peine d'amende les dénominations des anciens poids et mesures, y compris les monnaies, en défend également les signes abrégés. Ainsi certaines personnes écrivent encore aujourd'hui à tort, 10 ᵗᵗ pour 10 francs; c'est 10 F. ou 10 f. qu'il faut écrire.

INTRODUCTION.

L'uniformité des poids et mesures offre des avantages d'une telle évidence qu'il est inutile de s'arrêter à les démontrer. La France de l'ancien régime en était surtout profondément convaincue; car depuis plus de mille ans, les CAHIERS DE DOLÉANCES DES ÉTATS GÉNÉRAUX exprimaient formellement le vœu d'une réforme à cet égard.

On s'occupa presque sans relâche, dans le dernier siècle, de l'établissement de la base du nouveau système. Enfin les dernières années du dix-huitième siècle virent naître notre admirable système des NOUVELLES MESURES.

Elles sont destinées à remplacer irrévocable-
ment les anciennes, qui, dépourvues de fixité et
de régularité, ont subi des altérations profondes
et irréparables. Mais les procédés par lesquels on
voulut d'abord les mettre en usage rappellent cette
terrible époque de violence où tout ce qui résistait
était écrasé.

Sans doute ce nouveau système devait rencon-
trer une vive opposition. Il venait attaquer de
front des habitudes contractées dès l'enfance et qu'il
fallait tout-à-coup changer; sans parler de cette
opposition *quand même* qu'il éprouva de la part
d'esprits étroits qui repoussent encore aujourd'hui
des innovations grandes et utiles, par cela seul
qu'elles doivent leur origine à une époque de ver-
tige et de calamité.

Mais les temps malheureux se passent : les
belles institutions demeurent.

On crut toutefois devoir fléchir devant cette opposition : bien plus, on se trompa sur sa nature. On
s'imagina qu'il suffirait de donner les noms des

anciennes mesures aux nouvelles : comme s'il était possible d'appeler encore arpent, l'hectare qui en vaut deux à trois, et livre, le kilogramme qui en vaut plus du double. Aussi s'aperçut-on bientôt qu'on n'avait remédié à rien. On prit alors le parti le plus sage, celui d'enseigner le nouveau système dans les écoles à la génération naissante, laissant faire le reste au temps et à l'excellence même du système.

Aujourd'hui les nouvelles mesures sont un peu mieux connues ; mais les anciennes sont toujours usitées ; il en est surtout qui sont purement locales, très-diverses et à peu près seules familières ; telles sont les mesures de TERRE. Cependant la loi exige expressément l'usage des nouvelles, puisqu'elle ne reconnaît plus désormais que le système métrique dans toute sa pureté primitive. De là, la nécessité des tableaux de conversion que l'on offre ici au public.

Ces tableaux sont précédés d'un extrait de la loi du 4 juillet 1837 sur les poids et mesures, et suivis d'un choix d'exemples de comparaison des diverses mesures.

(8)

L'auteur manquerait à son devoir s'il ne s'empressait de déclarer ici que les tables publiées en l'an XI par le savant et modeste professeur Lamy lui ont été d'un puissant secours. Si ce petit livre obtient quelque succès, il faudra l'attribuer à Lamy qui en a fait naître la pensée, et à la mémoire duquel l'auteur se plaît à rendre hommage.

EXTRAIT

DE LA
LOI DU 4 JUILLET 1837,
Concernant les Poids et Mesures.

ART. 3. A partir du premier janvier 1840, tous, poids et mesures autres que les poids et mesures établis par les lois du 18 Germinal an III et du 19 Frimaire an VIII (1), constitutives du système métrique décimal, SERONT INTERDITS SOUS LES PEINES PORTÉES PAR L'ART. 479 DU CODE PÉNAL (2.)

ART. 4. Ceux qui auront des poids et mesures autres que les poids ou mesures ci-dessus reconnus, dans leurs magasins, boutiques, ateliers ou maisons de commerce, ou dans les halles, foires ou marchés, SERONT PUNIS COMME CEUX QUI LES EMPLOIERONT, CONFORMÉMENT A L'ART. 479 DU CODE PÉNAL (2).

---

(1) La loi du 18 Germinal an III (7 avril 1795) décrète définitivement la nomenclature des nouvelles mesures.

La loi du 19 Frimaire an VIII (10 décembre 1799) fixe définitivement la longueur du mètre à trois pieds onze lignes et deux cent quatre vingt-seize millièmes (ou 443 lignes et 296 de l'ancienne toise du Pérou, à 13° du thermomètre de Réaumur c'est-à-dire 16°, 25 du thermomètre centigrade.)

(2) Extrait de l'art 479 du Code Pénal.

Seront punis d'une amende de onze à quinze francs inclusivement...... 5° Ceux qui auront de faux poids ou de fausses mesures dans leurs magasins, boutiques, ateliers ou maisons de commerce, ou dans les halles, foires ou marchés, sans préjudice des peines qui seront prononcés par les tribunaux de police correctionnelle contre ceux qui auraient fait usage de faux poids ou de ces fausses mesures. 6° Ceux qui emploieront des poids ou des mesures différents de ceux qui sont établis selon les lois en vigueur.

1*

(10)

Art. 5. A compter de la même époque, toutes dénominations de poids et mesures autres que celles portées dans le tableau annexé à la présente loi et établies par la loi du 18 Germinal an III, SONT INTERDITES DANS LES ACTES PUBLICS, AINSI QUE DANS LES AFFICHES ET ANNONCES.

Elles seront également INTERDITES DANS LES ACTES SOUS SEING PRIVÉ, LES REGISTRES DE COMMERCE ET AUTRES ÉCRITURES PRIVÉES PRODUITS EN JUSTICE.

Les officiers publics contrevenants seront PASSIBLES D'UNE AMENDE DE VINGT FRANCS qui sera recouvrée sur contrainte comme en matière d'enregistrement.

L'AMENDE SERA DE DIX FRANCS pour les autres contrevenants ; ELLE SERA PERÇUE POUR CHAQUE ACTE OU ÉCRITURE SOUS SIGNATURE PRIVÉE. Quant aux registres de commerce, ils ne donneront lieu qu'à une seule amende pour chaque contestation dans laquelle ils seront produits.

Art. 6. Il est défendu aux juges et arbitres de rendre aucun jugement ou décision en faveur des particuliers, ou des actes, registres ou écrits dans lesquels les dénominations interdites par l'article

(Selon les circonstances les possesseurs de faux poids et de fausses mesures peuvent être condamnés à cinq jours d'emprisonnement, ART. 480. — Ceux qui auront trompé avec ces poids peuvent être punis de trois mois à un an de prison, et d'une amende d'au moins cinquante francs, art 423. — Les faux poids et fausses mesures sont confisqués, art 481. — En cas de récidive il y a toujours emprisonnement pendant cinq jours, art. 482).

précédent auraient été insérées , AVANT QUE LES AMENDES ENCOURUES AU TERME DU DIT ARTICLE AIENT ÉTÉ PAYÉES.

ART. 7. Les vérificateurs des poids et mesures constateront les contraventions prévues par les lois et réglements concernant le système métrique des poids et mesures. Ils pourront procéder à la saisie des instruments de pesage et de mesurage dont l'usage est interdit par les dites lois et réglements. Leurs procès verbaux feront foi en justice jusqu'à preuve contraire. etc.

Tableau des poids et mesures métriques

NOMS systématiques.	VALEUR.	NOMS systématiques.	VALEUR.
MESURES DE LONGUEUR		**MESURES AGRAIRES.**	
Myriamètre..	Dix mille mètres.	Hectare....	Cent ares ou dix mille mètres carrés.
Kilomètre...	Mille mètres.		
Hectomètre..	Cent mètres.	Are.......	Cent mètres carrés, carré de dix mètres de côté.
Décamètre..	Dix mètres.		
MÈTRE....	Unité fondamentale des poids et mesures, dix millionième partie du quart du méridien terrestre.	Centiare...	Centième de l'are, ou mètre carré.
		MESURES DE CAPACITÉ Pour les liquides et les matières sèches.	
Décimètre..	Dixième du mètre.	Kilolitre....	Mille litres.
Centimètre..	Centième du mètre.	Hectolitre...	Cent litres.
		Décalitre...	Dix litres.
Millimètre..	Millième du mètre.		

NOMS systématiques.	VALEUR.
Litre.	Décimètre cube.
Décilitre. . . .	Dixième du litre.
MESURES DE SOLIDITÉ	
Décastère. . .	Dix stères.
Stère.	Mètre cube
Décistère. . .	Dixième du stère.
POIDS.	
. . . .	Mille kilogram., poids du mètre cube d'eau et du tonneau de mer.
. . . .	Cent kilogrammes, quintal métrique.
Kilogramme	Mille grammes, poids dans le vide d'un décimètre cube d'eau distillée à la température de quatre de-

NOMS systématiques	VALEUR.
	grés centigrades.
Hectogramme.	Cent grammes.
Décagramme.	Dix grammes.
Gramme. . .	Poids d'un centimètre cube d'eau à quatre degrés centigrades.
Décigramme.	Dixième du gramme.
Centigramme.	Centième du gramme.
Milligramme.	Millième du gramme.
MONNAIE.	
Franc. . . .	Cinq grammes d'argent au titre de neuf dixièmes de fin.
Décime. . . .	Dixième du franc.
Centime. . . .	Centième du franc.

PREMIÈRE PARTIE.

TABLEAUX

DE COMPARAISON

Des mesures anciennes aux mesures nouvelles et réciproquement.

Les tables qui suivent concernent les mesures usitées jusqu'en 1840 dans l'ancienne province d'Artois, avec quelques unes aussi de la Flandre et de la Picardie. On sait que l'Artois et la Flandre française forment aujourd'hui les départements du Pas-de-Calais et du Nord, ayant pour limitrophes ceux de la Somme et de l'Aisne, et la Belgique.

Dans chacun des tableaux on ne compare qu'un certain nombre de mesures que depuis une jusqu'à neuf, parce qu'il est aisé d'en conclure les rapports entre des quantités quelconques, ainsi que le montrent des exemples présentés à la suite des tables.

On ne donne que le nombre de décimales suffisant dans tous les cas. Pour le dernier chiffre décimal, on a suivi la règle convenue en arithmétique; elle consiste à écrire ce chiffre tel qu'il se trouve ou à le forcer d'une unité, selon que le suivant à droite aurait une valeur au dessous de 5 ou non.

Toutes les localités, tous les villages ne sont pas nommés et ne pouvaient pas l'être : mais chacun peut chercher le nom de la ville, du bourg, du chef lieu de canton qui est dans le voisinage du terroir ou de la contrée dont il veut évaluer la mesure.

L'ordre alphabétique a été suivi comme le plus commode pour les lieux nommés dans les tableaux.

Nous rappelons ici aux personnes malheureusement encore peu habituées au calcul décimal la valeur des chiffres écrits dans un nombre à la droite de la virgule.
Le premier est le chiffre des dixièmes, (*par ex. décimètres, déciares, décistères, décilitres, etc.*
Le second est le chiffre des centièmes, (*par ex. centimètres, centiares, centistères, centilitres etc.*)
Le troisième est le chiffre des millièmes, (*par ex. millimètres, milliares, millistères, millitres, etc.*)
Ainsi on lit au tableau n° 1 que 1ᵀ. vaut 1 mètre 249 millimètres, ou 1 mètre 95 centimètres.

MESURES DES LONGUEURS.

Toises, Pieds, etc.

Le mètre vaut, comme on sait, 443 lignes, 296 ; par suite, la valeur de la toise est 1ᵐ, 949. D'où l'on peut conclure que 76 mètres font à peu près 39 toises (*à moins d'un demi pouce près.*)

(15)

CONVERSION

DES TOISES, PIEDS, POUCES ET LIGNES EN MÈTRES ET DÉCI-
NALES DU MÈTRE.

No. 1.

Toises.	mètres.	décimètres.	centimètres.	millimètres.
1	1,	9	4	9
2	3,	8	9	8
3	5,	8	4	7
4	7,	7	9	6
5	9,	7	4	5
6	11,	6	9	4
7	13,	6	4	3
8	15,	5	9	2
9	17,	5	4	1
10	19,	4	9	0
20	38,	9	8	1
30	58,	4	7	1
40	77,	9	6	1
50	97,	4	5	2
60	116,	9	4	2
70	136,	4	3	3
80	155,	9	2	3
90	175,	4	1	3
100	194,	9	0	4
200	389,	8	0	7
300	584,	7	1	1

pieds.	mètres.	décimètres.	centimètres.	millimètres.
1	0,	3	2	5
2	0,	6	5	0
3	0,	9	7	5
4	1,	2	9	9
5	1,	6	2	4
6	1,	9	4	9
7	2,	2	7	4
8	2,	5	9	9
9	2,	9	2	4
10	3,	2	4	8
20	6,	4	9	7
30	9,	7	4	5
40	12,	9	9	4
50	16,	2	4	2
60	19,	4	9	0
70	22,	7	3	9
80	25,	9	8	7
90	29,	2	3	6
100	32,	4	8	4
200	64,	9	6	8
300	97,	4	5	2

SUITE DU TABLEAU. No. 1.

pieds.	mètres.	décimètres.	centimètres.	millimètres.
400	129,	9	3	6
500	162,	4	2	0
600	194,	9	0	4
700	227,	3	8	8
800	259,	8	7	2
900	292,	3	5	5
1000	324,	8	3	9

lignes.	frac. de mil.	millimètres.	centimètres.	décimètres.
1	1/4	2	0	0
2	1/2	4	0	0
3	3/4	6	0	0
4		9	0	0
5	1/4	1	1	0
6	1/2	3	1	0
7	3/4	5	1	0
8		8	1	0
9	1/4	0	2	0
10	1/2	2	2	0
11	3/4	4	2	0

Toises.	mètres.	décimètres.	centimètres.	millimètres.
400	779,	6	1	5
500	974,	5	1	8
600	1169,	4	2	2
700	1364,	3	2	6
800	1559,	2	2	9
900	1754.	1	3	3
1000	1949,	0	3	7

pouces.	mètres.	décimètres.	centimètres.	millimètres.
1	0,	0	2	7
2	0,	0	5	4
3	0,	0	8	1
4	0,	1	0	8
5	0,	1	3	5
6	0,	1	6	2
7	0,	1	8	9
8	0,	2	1	7
9	0,	2	4	4
10	0,	2	7	1
11	0,	2	9	8

SUITE DU TABLEAU N°. 1.

pouces.	mètres.	décimètres.	centimètres.	millimètres.
12	0,	3	2	5
13	0,	3	5	2
14	0,	3	7	9
15	0,	4	0	6
16	0,	4	3	3
17	0,	4	6	0
18	0,	4	8	7
19	0,	5	1	4
20	0,	5	4	1
30	0,	8	1	2
40	1,	0	8	3
50	1,	3	5	3
60	1,	6	2	4
70	1,	8	9	5
80	2,	1	6	6
90	2,	4	3	6
100	2,	7	0	7

lignes.	décimètres.	centimètres.	millimètres.	frac. de mil.
12		2	7	1/3
13		2	9	1/2
14		3	1	2/3
15		3	3	3/4
16		3	6	1/3
17		3	8	1/2
18		4	0	2/3
19		4	2	3/4
20		4	5	
30		6	7	2/3
40		9	0	1/4
50	1	1	2	3/4
60	1	3	5	1/3
70	1	5	8	
80	1	8	0	1/2
90	2	0	3	
100	2	2	5	1/2

Quand on ne voudra pas descendre jusqu'aux fractions de millimètres, il faudra les négliger si elles sont au-dessous de 1/2 ; dans le cas de 1/2 millim. ou davantage, on prendra un millimètre à la place.

CONVERSION

DES MÈTRES, DÉCIMÈTRES, CENTIMÈTRES, MILLIMÈTRES, en toises et décimales de la toise, ainsi qu'en toises, pieds, pouces et lignes, etc.

No. 2.

mètres.	toises.	1000es de to.	100es de toise	10es de toise	toises.	pieds.	pouces.	lignes.	frac. de lign.
			(ou)						
1	0,	5	1	3	0	3	0	11	[illegible]
2	1,	0	2	6	1	0	1	10	[illegible]
3	1,	5	3	9	1	3	2	10	[illegible]
4	2,	0	5	2	2	0	3	9	[illegible]
5	2,	5	6	5	2	3	4	8	[illegible]
6	3,	0	7	8	3	0	5	7	[illegible]
7	3,	5	9	2	3	3	6	7	[illegible]
8	4,	1	0	5	4	0	7	6	[illegible]
9	4,	6	1	8	4	3	8	5	[illegible]
10	5,	1	3	1	5	0	9	5	[illegible]
20	10,	2	6	1	10	1	6	10	[illegible]
30	15,	3	9	2	15	2	4	3	[illegible]
40	20,	5	2	3	20	3	1	7	[illegible]
50	25,	6	5	4	25	3	11	0	[illegible]
60	30,	7	8	4	30	4	8	5	[illegible]
70	35,	9	1	5	35	5	5	10	[illegible]
80	41,	0	4	6	41	0	3	3	[illegible]
90	46,	1	7	7	46	1	0	8	[illegible]
100	51,	3	0	7	51	1	10	1	[illegible]
200	102,	6	1	5	102	3	8	3	[illegible]
300	153,	9	2	2	153	5	6	4	[illegible]

SUITE DU TABLEAU N° 2.

mètres	toises.	pieds.	pouces.	lignes.	frac. de lign.
400	205.	1.	4.	6	[illegible]
500	256.	3.	2.	8	[illegible]
600	307.	5.	0.	9	[illegible]
700	359.	0.	10.	11	[illegible]
800	410.	2.	9.	0	[illegible]
900	461.	4.	7.	2	[illegible]
1000	513.	0.	5.	4	[illegible]

ou

mètres	toises.	1000es de toi.	100es de toise.	10es de toise.
400	205	0	3	2
500	256	7	3	5
600	307	4	4	8
700	359	2	5	1
800	410	9	5	4
900	461	7	6	7
1000	513	4	7	0

SUITE DU TABLEAU N° 2.

centimètres.	pouces.	lignes.	frac.
1	0.	4.	[illegible]
2	0.	9.	[illegible]
3	1.	1.	[illegible]
4	1.	5.	[illegible]
5	1.	10.	[illegible]
6	2.	2.	[illegible]
7	2.	7.	[illegible]
8	2.	11.	[illegible]
9	3.	4.	[illegible]

millimètres.	pouces.	lignes.	frac.
1	0.	0	[illegible]
2	0.	1	[illegible]
3	0.	1	[illegible]
4	0.	1	[illegible]
5	0.	2	[illegible]
6	0.	2	[illegible]
7	0.	3	[illegible]
8	0.	3	[illegible]
9	0.	4	[illegible]

SUITE DU TABLEAU N.º 2.

centimètres.	pieds.	pouces.	lignes.
37	1	1	8
38	1	2	0
39	1	2	5
40	1	2	9
50	1	6	6
60	1	10	2
70	2	1	10
80	2	5	7
90	2	9	3

décimètres.	pieds.	pouces.	lignes.
1	0	3	8
2	0	7	5
3	0	11	1
4	1	2	9
5	1	6	6
6	1	10	2
7	2	1	10
8	2	5	7
9	2	9	3
10	3	0	11

centim.	pieds.	pouces.	lignes.
10	0	3	8 $\frac{1}{12}$
11	0	4	0 $\frac{1}{6}$
12	0	4	5 $\frac{1}{4}$
13	0	4	9 $\frac{1}{3}$
14	0	5	2 $\frac{5}{12}$
15	0	5	6
16	0	5	11 $\frac{1}{2}$
17	0	6	3
18	0	6	7 $\frac{7}{12}$
19	0	7	0 $\frac{2}{3}$
20	0	7	4 $\frac{3}{4}$
21	0	7	9 $\frac{5}{6}$
22	0	8	1 $\frac{11}{12}$
23	0	8	6
24	0	8	10 $\frac{1}{2}$
25	0	9	3
26	0	9	7
27	0	10	0
28	0	10	4
29	0	10	9
30	0	11	1
31	0	11	5
32	0	11	10
33	1	0	2
34	1	0	7
35	1	0	11
36	1	1	4

Dans les évaluations ordinaires, on peut confondre approximativement le mètre avec la demi-toise, ou le pied avec le tiers du mètre. On tâchera de retenir de mémoire que le pouce vaut à peu près 27 millim.; qu'une ligne fait 2 millim. et $\frac{1}{4}$, que 3 décimètres font 11 pouces, etc.

Toises Métriques, etc.

Quant aux mesures qu'on a appelées *toise métrique*, etc. depuis 1812, il nous suffira d'en dire deux mots. La prétendue toise métrique est exactement deux mètres; le pied métrique vaut le tiers du mètre; le pouce métrique est le 36° du mètre, et la ligne métrique le 432°

Aunes.

Mais les Aunes du pays, les petites Aunes, comme on les appelle, différant complètement du mètre, il convient de donner des tables comparatives entre le mètre et ces différentes aunes.

Il existait dans le pays une vingtaine d'aunes, toutes plus petites que celle de Paris. Quelques unes différaient assez peu entre elles.

ABBEVILLE * — v. AUXI LE-CHATEAU p. 26, tab. 7

AIRE ET * DUNKERQUE.

L'aune d'Aire valait 26 po, 2 li, 7 ou $0^m,7099$.

N°. 3.

Aunes.	Mètres.	centimètres.	Mètres.	Aunes.	fract. d'aune.
1	0,	71	1	1	2/5
2	1,	42	2	2	5/6
3	2,	13	3	4	1/4
4	2,	84	4	5	5/8
5	3,	55	5	7	0
6	4,	26	6	8	1/2
7	4,	97	7	9	7/8
8	5,	68	8	11	1/4
9	6,	39	9	12	2/3

* Les localités, marquées ainsi d'un étoile sont hors du Pas-de-Calais.

ALBERT * v . ARRAS, p. 25 tab, 6.

———

Amiens *

L'aune d'AMIENS valait 26 po , 8 li , 06 ou 0^m , 7220

No. 4.

Aunes.	Mètres.	centimètres.	Mètres.	Aunes.	fract. d'aune
1	0,	72	1	1	$\frac{3}{8}$
2	1,	44	2	2	$\frac{5}{8}$
3	2,	17	3	4	$\frac{1}{6}$
4	2,	89	4	5	$\frac{1}{2}$
5	3,	61	5	7	[illegible]
6	4,	33	6	8	$\frac{1}{3}$
7	5,	05	7	9	$\frac{2}{3}$
8	5,	78	8	11	[illegible]
9	6,	50	9	12	$\frac{1}{4}$

Ardres,

Audruick, Calais et Guisnes.

L'aune d'Ardres, aussi en usage dans les cantons d'Audruick, de Calais et de Guines, valait 26 po, 4 li, 08 ou $0^m,7130$.

No. 5.

Aunes.	Mètres.	centimètres.	Mètres.	Aunes.	fract. d'aune.
1	0,	71	1	1	$\frac{2}{5}$
2	1,	43	2	2	$\frac{4}{5}$
3	2,	14	3	4	$\frac{1}{5}$
4	2,	85	4	5	$\frac{3}{5}$
5	3,	57	5	7	
6	4,	28	6	8	$\frac{2}{5}$
7	4,	98	7	9	$\frac{4}{5}$
8	5,	70	8	11	$\frac{1}{5}$
9	6,	42	9	12	$\frac{3}{5}$

Arras.

*ALBERT, AUBIGNY, AVESNES-LE-Cte, BEAUMETZ-LES-LOGES, CROISILLES, MARQUION, PAS et St. Pol.

L'aune d'ARRAS s'employait dans les cantons d'ARRAS, BEAUMETZ-LES-LOGES, VIMY, CROISILLES, MARQUION, AUBIGNY, AVESNES-LE-COMTE, St POL et HOUDAIN ; sa valeur était 26 po, 0 li, 1985 ou 0 m, 7043.

No. 6.

Aunes.	Mètres.	centimètres.	Mètres.	Aunes.	fract. d'aune
1	0	70	1	1	[illegible]
2	1	41	2	2	[illegible]
3	2	11	3	4	[illegible]
4	2	82	4	5	[illegible]
5	3	52	5	7	[illegible]
6	4	23	6	8	[illegible]
7	4	93	7	10	[illegible]
8	5	63	8	11	[illegible]
9	6	34	9	12	[illegible]

(26)

Aubigny, v. Arras ci-dessus, tab. 6.

Audruick v. Ardres ci-dessus, tab 5.

Auxi le Chateau, Abbeville, Doullens, Pas et St Ricquier. *

Aune d'Abbeville* (30 po. 2 li $\frac{1}{4}$ ou 0^{m}, 8172.)

N°. 7.

Aunes.	Mètres.	centimètres.	Mètres.	Aunes.	fract. d'aune.
1	0,	82	1	1	$\frac{1}{4}$
2	1,	63	2	2	$\frac{1}{2}$
3	2,	45	3	3	$\frac{2}{3}$
4	3,	27	4	4	$\frac{7}{8}$
5	4,	09	5	6	$\frac{1}{8}$
6	4,	90	6	7	$\frac{1}{3}$
7	5,	72	7	8	$\frac{1}{2}$
8	6,	54	8	9	$\frac{4}{5}$
9	7,	35	9	11	

Avesnes-le-Comte v. Arras p. 25, tab. 6.

Bapaume.

BERTINCOURT, BÉTHUNE, CAMBRIN, CARVIN, CROISILLES, HOUDAIN, LAVENTHIE, LENS, MARQUION, ST. VENANT et VIMY.

L'aune de Bapaume était fort répandue, on s'en servait dans les cantons de Bertincourt, Croisilles Marquion, Vimy, et dans tout l'arrondissement de Béthune, moins les cantons de Lillers et de Norrent-Fontes. Elle valait exactement 26 pouces ou $0^m,7038$.

No. 8.

Aunes.	Mètres.	centimètres.	Mètres.	Aunes.	fract. d'aune.
1	0 ,	70	1	1	2/5
2	1 ,	41	2	2	5/6
3	2 ,	11	3	4	1/4
4	2 ,	82	4	5	2/3
5	3 ,	52	5	7	1/8
6	4 ,	22	6	8	1/2
7	4 ,	93	7	10	
8	5 ,	63	8	11	3/8
9	6 ,	33	9	12	3/4

Beaumetz-lez-Loges, v. Arras, p. 25. tab. 6.

Bergues * et Tournehem *

(26 po. 7 li, 2 ou 0^m. 7200.)

N°. 9.

Aunes.	Mètres.	centimètres.	Mètres.	Aunes.	fract. d'aune.
1	0 ,	72	1	1	2/5
2	1 ,	44	2	2	4/5
3	2 ,	16	3	4	1/6
4	2 ,	88	4	5	1/2
5	3 ,	60	5	7	
6	4 ,	32	6	8	1/3
7	5 ,	04	7	9	3/4
8	5 ,	76	8	11	1/8
9	6 ,	48	9	12	1/2

Bertincourt, v. Bapaume ci-dessus tab, 8.

Béthune ;   idem.

Boulogne.

Desvres, Hucqueliers, Marquise et Samer.

L'aune de Boulogne était de 27 pouces, ou 0ᵐ. 17309; on en faisait usage dans les cantons de Boulogne, de Desvres, de Marquise et de Samer.

No. 10.

Aunes	Mètres	centimètres
1	0	73
2	1	46
3	2	19
4	2	92
5	3	65
6	4	39
7	5	12
8	5	85
9	6	58

Mètres	Aunes	fract. d'aune.
1	1	[illegible]
2	2	[illegible]
3	4	[illegible]
4	5	[illegible]
5	6	[illegible]
6	8	[illegible]
7	9	[illegible]
8	11	[illegible]
9	12	1/2

CALAIS, v ARDRES, p. 24, tab. 5.

CAMBRAI* (26 po, 11 li, ou 0^m, 7286.)

Nº. 11.

Aunes.	Mètres.	centimètres.	Mètres.	Aunes.	fract. d'aune.
1	0,	73	1	1	3/8
2	1,	46	2	2	3/4
3	2,	19	3	4	1/8
4	2,	91	4	5	1/2
5	3,	64	5	6	7/8
6	4,	37	6	8	1/4
7	5,	10	7	9	3/5
8	5,	83	8	11	
9	6,	56	9	12	1/3

CAMBRIN, v. BAPAUME, p. 27. tab. 8.

CAMPAGNE-LES-HESDIN. v. HESDIN, p. 36. tab. 17.

et MONTREUIL, p. 37, tab. 18.

CARVIN, v. BAPAUME, p. 27, tab. 8.

CASSEL * (22 po. 11 li. ou 0^m 6204).

No. 12.

Aunes.	Mètres. centimètres.	Mètres.	Aunes.	fract. d'aune
1	0, 62	1	1	$\frac{3}{5}$
2	1, 24	2	3	$\frac{1}{5}$
3	1, 86	3	4	$\frac{7}{8}$
4	2, 48	4	6	$\frac{1}{2}$
5	3, 10	5	8	[illegible]
6	3, 72	6	9	$\frac{2}{3}$
7	4, 34	7	11	$\frac{1}{4}$
8	4, 96	8	12	$\frac{7}{8}$
9	5, 58	9	14	$\frac{1}{2}$

CROISILLES v. ARRAS, p. 25, t. 6 et BAPAUME, p. 27, t. 8.

DESVRES v. BOULOGNE, p. 29. t. 10:

DOUAI.* v. OISY, p. 38, tab 19.

DOULLENS* v. AUXI-LE-CHATEAU, p. 26, t. 7.

DUNKERQUE* v. AIRE. p. 22, t. 3.

ETAIRES * et MERVILLE * (27 po 8 li,
5 ou 0^m, 7501)

No. 13,

Aunes.	Mètres.	centimètres.	Mètres.	Aunes.	fract. d'aune.
1	0	75	1	1	$\frac{1}{3}$
2	1	50	2	2	$\frac{2}{3}$
3	2	25	3	4	
4	3	00	4	5	$\frac{1}{3}$
5	3	75	5	6	$\frac{2}{3}$
6	4	50	6	8	
7	5	25	7	9	$\frac{1}{3}$
8	6	00	8	10	$\frac{2}{3}$
9	3	75	9	12	

ETAPLES v. MONTREUIL, p. 37, tab. 18.
FAUQUEMBERGUES, v. FRUGES ci-dessous,
p. 33, tab. 14.

Fruges,

FAUQUEMBERGUES, HEUCHIN, HUCQUELIERS, LILLERS, NORRENT-FONTES.

L'aune de FRUGES qui valait 25 po, 11 li, était usitée dans les cantons de LILLERS, d'HEUCHIN, de FAUQUEMBERGUES et de NORRENT-FONTES.

No. 14.

Aunes.	Mètres.	centimètres.	Mètres.	Aunes.	fract. d'aune.
1	0,	70	1	1	$\frac{2}{5}$
2	1,	40	2	2	$\frac{7}{8}$
3	2,	10	3	4	$\frac{1}{4}$
4	2,	81	4	5	$\frac{2}{3}$
5	3,	51	5	7	$\frac{1}{8}$
6	4,	21	6	8	$\frac{1}{2}$
7	4,	91	7	10	
8	5,	61	8	11	$\frac{2}{5}$
9	6,	31	9	12	$\frac{7}{8}$

GUISNES, v. ARDRES, p. 24, tab. 5,

Hazebrouck *

1°. pour le détail, 26 po, 5 li., ou 0^{m}, 7151.

No. 15.

Aunes.	Mètres.	centimètres.	Mètres.	Aunes.	fract. d'aune.
1	0,	72	1	1	2/5
2	1,	43	2	2	4/5
3	2,	15	3	4	1/5
4	2,	86	4	5	3/5
5	3,	58	5	7	5/5
6	4,	29	6	8	2/5
7	5,	01	7	9	4/5
8	5,	72	8	11	1/5
9	6,	44	9	12	3/5

Hazebrouck *

2o. pour le gros , 27 po, 4 li. ou 0^m, 7399.

No. 16.

Aunes.	Mètres.	centimètres.
1	0,	74
2	1,	48
3	2,	22
4	2,	96
5	3,	70
6	4,	44
7	5,	18
8	5,	92
9	6,	66

Mètres.	Aunes.	fract. d'aune.
1	1	[illegible]
2	2	[illegible]
3	4	[illegible]
4	5	[illegible]
5	6	[illegible]
6	8	[illegible]
7	9	[illegible]
8	10	[illegible]
9	12	[illegible]

HESDIN, (26 po., 4 li., 36 ou 0^m, 7136).

CAMPAGNE-LES-HESDIN et LEPARCQ.

N°. 17.

Aunes.	Mètres.	centimètres.	Mètres.	Aunes.	fract. d'aune.
1	0	71	1	1	$\frac{2}{5}$
2	1	43	2	2	$\frac{4}{5}$
3	2	14	3	4	$\frac{1}{5}$
4	2	85	4	5	$\frac{3}{5}$
5	3	57	5	7	
6	4	28	6	8	$\frac{2}{5}$
7	5	00	7	9	$\frac{4}{5}$
8	5	71	8	11	$\frac{1}{5}$
9	6	42	9	12	$\frac{3}{5}$

HEUCHIN v. FRUGES, p. 33, tab. 14.

HOUDAIN v. BAPAUME, p. 27, tab. 8.

HUCQUELIERS v. MONTREUIL, p. 37 t 18, FRUGES, p. 33, t 14, et BOULOGNE, p. 29, t 10.

LAVENTHIE v. BAPAUME, p. 27, tab. 8.

(37)

Montreuil

(26 po. 4 li. ou 0^m, 7128).

CAMPAGNE-LES-HESDIN , ETAPLES, HUCQ

No. 18.

Aunes.	Mètres.	centimètres.	Mètres.	Aunes.
1	0,	71	1	1
2	1,	43	2	2
3	2,	14	3	4
4	2,	85	4	5
5	3,	56	5	7
6	4,	28	6	8
7	4,	99	7	9
8	5,	70	8	11
9	6,	42	9	12

NORRENT-FONTES , v. FRUGES , p. 33 , tab. 14.

OISY , (25 pò. 10 li, 3 ou 0, 7000)

DOUAI*, LILLE *, VITRY.

N°. 19.

Aunes.	Mètres.	centimètres.	Mètres.	Aunes.	fract. d'aune
1	0,	70	1	1	$\frac{3}{7}$
2	1,	40	2	2	$\frac{6}{7}$
3	2,	10	3	4	$\frac{2}{7}$
4	2,	80	4	5	$\frac{5}{7}$
5	3,	50	5	7	$\frac{1}{7}$
6	4,	20	6	8	$\frac{4}{7}$
7	4,	90	7	10	
8	5,	60	8	11	$\frac{3}{7}$
9	6,	30	9	12	$\frac{6}{7}$

PAS v. AUXI-LE-CHATEAU, p. 26, tab. 7, ARRAS

p. 25, tab. 6, et BAPAUME, p. 27, tab. 8.

St OMER, LUMBRES, (26 po, 1 li, 01 ou 0m,7061)

No. 20.

Aunes.	Mètres.	centimètres.	Mètres.	Aunes.	fract. d'aune.
1	0,	71	1	1	$\frac{2}{5}$
2	1,	41	2	2	$\frac{4}{5}$
3	2,	12	3	4	$\frac{1}{4}$
4	2,	82	4	5	$\frac{2}{3}$
5	3,	53	5	7	
6	4,	24	6	8	$\frac{1}{2}$
7	4,	94	7	10	
8	5,	65	8	11	$\frac{2}{3}$
9	6,	35	9	12	$\frac{3}{4}$

SAMER , v. BOULOGNE, p. 29 , tab. 10.

TOURNEHEM , * v. BERGUES, p. 28 , tab. 9.

VALENCIENNES , * (27 po, 7 li $\frac{1}{7}$ ou, 0^m, 7470

N°. 21.

Aunes.	Mètres.	centimètres.
1	0 ,	75
2	1 ,	49
3	2 ,	24
4	2 ,	99
5	3 ,	74
6	4 ,	48
7	5 ,	23
8	5 ,	98
9	6 ,	72

Mètres.	Aunes.	fract. d'aune.
1	1	1/3
2	2	2/3
3	4	
4	5	1/3
5	6	2/3
6	8	
7	9	1/3
8	10	2/3
9	12	

VIMY , v. BAPAUME, p. 27 , tab. 8.
VITRY , v. OISY, p. 38 ; tab. 19.

Afin de faciliter les comparaisons aux personnes peu habituées aux calculs, nous leur ferons remarquer que les dix-neuf sortes d'aunes du pays dont il vient d'être question peuvent se résumer en huit pour les petits aunages. Ainsi on peut approximasivement confondre ensemble : 1°. les aunes d'Etaires et Merville, et de Valenciennes ; 2°. l'aune de Boulogne et celle de Cambrai ; 3°. les aunes d'Amiens, de Bergues, de Tournehem et d'Hazebrouck pour le détail ; 4o. les aunes d'Hesdin, d'Ardres, de Montreuil, d'Aire et de St. Omer ; 5°. les aunes d'Arras, de Bapaume, de Fruges, d'Oisy, etc.

Le tableau suivant donne en centimè
valeurs approchées des

No. 22.

Fractions de l'Aune et aune.	* Cassel	ARRAS. * Albert St Pol Bapaume Béthune Fruges Lillers Oisy * Douai * Lille	Hesdin — Ardres Montreuil Aire * Dunkerque St Omer	* Amiens * Bergues * Tournehem Hazebrouck pour le détail
	centim.	centim.	centim.	centim.
$\frac{1}{32}$	2	$2\frac{1}{4}$	$2\frac{1}{4}$	$2\frac{1}{4}$
$\frac{1}{24}$	$2\frac{1}{2}$	3	3	3
$\frac{1}{16}$	4	$4\frac{1}{2}$	$4\frac{1}{2}$	$4\frac{1}{2}$
$\frac{1}{12}$	5	6	6	6
$\frac{3}{32}$	6	$6\frac{1}{2}$	7	$6\frac{3}{4}$
$\frac{1}{8}$	$7\frac{3}{4}$	$8\frac{3}{4}$	9	9
$\frac{1}{6}$	$10\frac{1}{3}$	$11\frac{2}{3}$	$11\frac{3}{4}$	12
$\frac{3}{16}$	$11\frac{2}{3}$	13	$13\frac{1}{4}$	$13\frac{1}{2}$
$\frac{1}{4}$	$15\frac{1}{2}$	$17\frac{1}{2}$	$17\frac{3}{4}$	18
$\frac{1}{3}$	$20\frac{2}{3}$	$23\frac{1}{3}$	$23\frac{1}{2}$	24
$\frac{3}{8}$	$23\frac{1}{4}$	$26\frac{1}{4}$	$25\frac{1}{2}$	27
$\frac{1}{2}$	31	35	$35\frac{1}{2}$	36
$\frac{2}{3}$	$41\frac{1}{3}$	$46\frac{2}{3}$	47	48
$\frac{3}{4}$	$46\frac{1}{2}$	$52\frac{1}{2}$	53	54
$\frac{5}{6}$	$51\frac{2}{3}$	$58\frac{1}{2}$	59	60
$\frac{7}{8}$	$54\frac{1}{4}$	$61\frac{1}{2}$	62	63
1	62	70	71	72

tres et fractions de centimètres les aunes et fractions d'aune.

Boulogne Samer — Cambrai		Hazebrouck pour le gros		Etaires, Merville — Valenciennes		Abbeville. Doullens. Auxi-le-Château Pas St Riquier,	
centim.		centim.		centim.		centim.	
2	1/4	2	1/3	2	1/3	2	1/2
3		3		3		3	
4	1/2	4	2/3	4		5	
6		6		6		7	
7		7		7		7	
9		9	1/4	9	1/2	10	
12		12		12		13	
14		14		14		15	
18		18		18	3/4	20	
24		24		25		27	
27		27		28		30	
36		37		37	1/2	41	
48		49		50		54	
55		55		56		61	1/4
61		61		62	1/2	68	
64		64		65	1/2	71	1/2
73		74		75		82	

Grande aune légale depuis

L'aune de Paris avait été augmentée d'un peu plus de cinq décimètres. En sorte que 5 aunes faisaient 6 mètres et que le
Le tableau suivant présente la conversion en mètres et centi
usage.

CONVERSION DES AUNES ET

N° 23. N° 24.

A.	m. cm	A.	m. cm
1	1, 20	26	31, 20
2	2, 40	27	32, 40
3	3, 60	28	33, 60
4	4, 80	29	34, 80
5	6,	30	36,
6	7, 20	31	37, 20
7	8, 40	32	38, 40
8	9, 60	33	39, 60
9	10, 80	34	40, 80
10	12,	35	42,
11	13, 20	36	43, 20
12	14, 40	37	44, 40
13	15, 60	38	45, 60
14	16, 80	39	46, 80
15	18,	40	48, »
16	19, 20	45	54, »
17	20, 40	50	60, »
18	21, 60	55	66, »
19	22, 80	60	72, »
20	24,	65	78, »
21	25, 20	70	84, »
22	26, 40	75	90. »
23	27, 60	80	96, »
24	28, 80	90	108, »
25	30,	100	120, «

Fractions de l'aune métrique,	
Un demi seize *ou*	$\frac{1}{32}$
Un seize et demi.	$\frac{3}{32}$
Un ½ quart et un ½ seize	$\frac{5}{32}$
Trois seize et demi	$\frac{7}{32}$
Un quart et un ½ seize	$\frac{9}{32}$
Un ¼ et un 16 et ½	$\frac{11}{32}$
Un ¼ et demi et un ½ 16	$\frac{13}{32}$
Une ½ a. moins un ½ 16	$\frac{15}{32}$
Une ½ a. et un ½ 16	$\frac{17}{32}$
Une ½ a. et un 16 et ½	$\frac{19}{32}$
1 ½ a. un ½ quart et ½ 16	$\frac{21}{32}$
3 quarts moins un ? 16	$\frac{23}{32}$
3 quarts et un ½ 16	$\frac{25}{32}$
3 quarts et nn 16 et ½	$\frac{27}{32}$
1 a. moins un 16 et ½	$\frac{29}{32}$
1 a. moins un ½ 16	$\frac{31}{32}$
Un seize	$\frac{1}{16}$
Un demi quart et un 16	$\frac{3}{16}$
Un quart et un 16	$\frac{5}{16}$
Une ½ a. moins un 16	$\frac{7}{16}$
Une ½ aune et un 16	$\frac{9}{16}$
3 quarts moins un 16	$\frac{11}{16}$
3 quarts et un 16	$\frac{13}{16}$
1 aune moins un 16	$\frac{15}{16}$
Un douzième	$\frac{1}{12}$

1812, dite aune métrique.

lignes ou de onze millimètres , pour devenir égale à douze mètre vaut cinq sixièmes d'aune.

mètres des aunes fractions d'aune, aunages et coupes le plus en

FRACTIONS EN MÈTRES ET CENTIMÈTRES.

No. 25

m.	cm.
»	4
»	11
»	19
»	26
»	34
»	41
»	49
»	56
»	64
»	71
»	79
»	86
»	94
1,	01
1,	09
1,	16
»,	8
»	23
»	38
»	53
»	68
»	83
»	98
1,	13
»	10

Suite des fractions de l'aune métrique,		m.	cm.
Une ½ a. moins un 12e ou	$\frac{5}{12}$	»	50
Une demi aune et un 12e	$\frac{7}{12}$	»	70
Une aune moins un 12e	$\frac{11}{12}$	1,	10
Un demi quart.	$\frac{1}{8}$	»	15
Un quart et demi.	$\frac{3}{8}$	»	45
Une ½ au. et un ½ quart.	$\frac{5}{8}$	»	75
Trois quarts et demi.	$\frac{7}{8}$	1,	05
Un demi-tiers.	$\frac{1}{6}$	»	20
Une au. moins un ½ tiers.	$\frac{5}{6}$	1,	»
Un quart.	$\frac{1}{4}$	»	30
Une demie au.	$\frac{1}{2}$	»	60
Trois quarts.	$\frac{3}{4}$	»	90
Un tiers.	$\frac{1}{3}$	»	40
Deux tiers.	$\frac{2}{3}$	»	80

COUPES AVEC FRACTIONS,		m.	cm.
Cinq quarts.	$1\frac{1}{4}$	1,	50
Six quarts.	$1\frac{1}{2}$	1,	80
Sept quarts.	$1\frac{3}{4}$	2,	10
Une aune et un tiers.	$1\frac{1}{3}$	1,	60
Une aune et 2 tiers.	$1\frac{2}{3}$	2,	»
2 au. et un quart,	$2\frac{1}{4}$	2,	70
2 au. et demie.	$2\frac{1}{2}$	3,	»
2 au. et 3 quarts.	$2\frac{3}{4}$	3,	30
2 au. et un tiers.	$2\frac{1}{3}$	2,	80
2 au. et 2 tiers.	$2\frac{2}{3}$	3,	90

En évaluant ci-dessus les fractions de l'aune en centimètres, on a négligé le quart du centimètre, et on a compté le demi centimètre ou ses trois quarts pour un centimètre.

CONVERSION

des mètres, des centimètres en aunes et fractions d'aunes.

No. 26.

Mètres.	Aunes.	frac. d'au.	Mètres.	aunes.	frac. d'au.	Mètres.	Aunes.	frac. d'au.
1	0	5/6	21	17	1/2	41	34	1/6
2	1	2/3	22	18	1/3	42	35	
3	2	1/2	23	19	1/6	43	35	5/6
4	3	1/3	24	20		44	36	2/3
5	4	1/6	25	20	5/6	45	37	1/2
6	5		26	21	2/3	46	38	1/3
7	5	5/6	27	22	1/2	47	39	1/6
8	6	2/3	28	23	1/3	48	40	
9	7	1/2	29	24	1/6	49	40	5/6
10	8	1/3	30	25		50	41	2/3
11	9	1/6	31	25	5/6	51	42	1/2
12	10		32	26	2/3	52	43	1/3
13	10	5/6	33	27	1/2	53	44	1/6
14	11	2/3	34	28	1/3	54	45	
15	12	1/2	35	29	1/6	55	45	5/6
16	13	1/3	36	30		56	46	2/3
17	14	1/6	37	30	5/6	57	47	1/2
18	15		38	31	2/3	58	48	1/3
19	15	5/6	39	32	1/2	59	49	1/6
20	16	2/3	40	33	1/3	60	50	

CONVERSION
des centimètres en fractions de l'aune.
No. 27.

cen.	Fractions de l'aune.	cen.	Fractions de l'aune.	cen.	Fractions de l'aune.
2	$\frac{1}{60}$ ou un 60ᵉ	36	$\frac{3}{10}$ ou trois dixièmes	80	$\frac{2}{3}$ ou deux tiers.
3	$\frac{1}{40}$ un 40ᵉ	38	$\frac{5}{16}$ 1 quart et un 16ᵉ	83	$\frac{11}{16}$ 3 q. m. un 16ᵉ
4	$\frac{1}{32}$ un 32ᵉ	40	$\frac{1}{3}$ un tiers.	84	$\frac{7}{10}$ sept dixièmes.
5	$\frac{1}{24}$ un 24ᵉ	41	$\frac{11}{32}$ ¼ et un 16ᵉ et ½	85	$\frac{17}{24}$ 3 q. m. un 24ᵉ
6	$\frac{1}{20}$ un 20ᵉ	45	$\frac{3}{8}$ un quart et ½	86	$\frac{23}{32}$ 3 q m ½ 16ᵉ
8	$\frac{1}{16}$ un 16ᵉ	48	$\frac{2}{5}$ deux cinquiè.	88	$\frac{11}{15}$ 2 tiers et un 15ᵉ
10	$\frac{1}{12}$ un 12ᵉ	49	$\frac{15}{32}$ un q et ½ et ½ 16ᵉ	90	$\frac{3}{4}$ trois quarts.
11	$\frac{3}{32}$ un 16ᵉ et ½	50	$\frac{5}{12}$ ½ a moins $\frac{1}{12}$	94	$\frac{25}{32}$ 3 q et ½ 16ᵉ
12	$\frac{1}{10}$ un 10ᵉ	53	$\frac{7}{16}$ ½ a. moins $\frac{1}{6}$	95	$\frac{19}{24}$ 3 q et un 24ᵉ
15	$\frac{1}{8}$ un 8ᵉ	55	$\frac{11}{24}$ ½ a. moins $\frac{1}{24}$	96	$\frac{4}{5}$ quatre cinq.
19	$\frac{5}{32}$ 8ᵉ et ½ 16	56	$\frac{13}{32}$ ½ a. moins ½ 16	98	$\frac{13}{16}$ 3 q et un 16ᵉ
20	$\frac{1}{6}$ un 6ᵉ	60	$\frac{1}{2}$ une demi-aune.	100	$\frac{5}{6}$ cinq sixièmes.
23	$\frac{3}{16}$ ½ q et un 16ᵉ	64	$\frac{17}{32}$ ½ a. et ½ 16ᵉ	101	$\frac{27}{32}$ 3 q et un 16ᵉ et ½
24	$\frac{1}{5}$ un 5ᵉ	65	$\frac{13}{24}$ ½ a. et un 24ᵉ	105	$\frac{7}{8}$ 3 q et demi.
25	$\frac{5}{24}$ 6ᵉ et 24ᵉ	68	$\frac{9}{16}$ une ½ au et un 16	109	$\frac{29}{32}$ 1 a. m. un 16ᵉ ½
26	$\frac{7}{32}$ $\frac{3}{16}$ et demi.	70	$\frac{7}{12}$ ½ a. et un 12ᵉ	110	$\frac{11}{12}$ 1 a. m. un 12
30	$\frac{1}{4}$ un quart.	71	$\frac{19}{32}$ ½ a et un 16ᵉ et ½	113	$\frac{15}{16}$ 1 a. m, un 16
32	$\frac{4}{15}$ $\frac{1}{3}$ moins $\frac{1}{3}$	72	$\frac{3}{5}$ trois cinquiè.	115	$\frac{23}{24}$ 1 a. m. un 24ᵉ
34	$\frac{9}{32}$ 1 q et ½ 16	75	$\frac{5}{8}$ ½ au et ½ quart	116	$\frac{31}{32}$ 1 a. m. un ½ 16
35	$\frac{7}{24}$ $\frac{1}{3}$ moins $\frac{1}{24}$	79	$\frac{21}{32}$ ½ au ½ q et ½ 16	120	1 une aune.

Mesures Itinéraires.

Les lieues usitées dans le nord de la France étaient principalement :

1°. la lieue dite du *Brabant*, ou lieue marine, qui était le vingtième d'un degré du méridien, valant 5 K M, 556 ou exactement 5 K M $\frac{5}{9}$. Autrement 18 lieues de Brabant valent 100 K M ou ce qu'on appelle aujourd'hui 25 lieues de poste, en confondant l'ancienne lieue de poste (2000 toises) avec 4 K M qui font pourtant 102 M de plus,

2°. La lieue de *Flandre*, familière en Belgique, de la valeur de 20 000 pieds du Rhin, et correspondant à 6 K M, 2771.

Il en résulte que 99 lieues de Flandre font un peu moins que 112 lieues de Brabant, ou bien que 8 lieues de Flandre équivalent à un peu plus de 9 lieues de Brabant, enfin que 25 K M font un peu moins de 4 lieues de Flandre.

3°. La lieue *commune* de France de 25 au degré ou de 2280 t. 2 pi. y est aussi employée ; elle n'est évidemment que les $\frac{4}{5}$ de la lieue de Brabant, ou bien 5 lieues communes font 4 lieues de Brabant, elle vaut 4 K M, 444 : exactement 9 lieues communes font 40 K M.

4°. Enfin on confond aujourd'hui la lieue *de poste* avec 4 kilomètres.

CONVERSION

des lieues en kilomètres et réciproquement.

N° 28.

lieues.	de Flandre en		de Brabant en		Comm. en		de p. en
	kilom.	mét.	kilom.	mét.	kilom.	mét.	kilom.
1	6,	277	5,	556	4,	444	4
2	12,	554	11,	111	8,	889	8
3	18,	831	16,	667	13,	333	12
4	25,	108	22,	222	17,	778	16
5	31.	385	27,	778	22,	222	20
6	37,	663	33,	333	26,	667	24
7	43.	940	38.	889	31.	111	28
8	50,	217	44,	444	35,	556	:2
9	56,	494	50,	»	40,	»	36

N° 29.

kilomètres	EN LIEUES			
	de Flandre en	de Brabant lieues cen.	comm.	de poste.
1	$\frac{1}{6}$	0, 18	0	$\frac{1}{4}$
2	$\frac{1}{3}$	0, 36	0	$\frac{3}{4}$
3	$\frac{1}{2}$	0, 54	0	
4	$\frac{5}{8}$	0, 72	0	1,
5	$\frac{4}{5}$	0, 90	1	1, $\frac{1}{4}$
6	$\frac{9}{10}$	1, 08	1	1, $\frac{3}{4}$
7	1, $\frac{9}{10}$	1, 26	1	1,
8	1, $\frac{7}{9}$	1, 44	1	2,
9	1, $\frac{3}{7}$	1, 62	2 $\frac{1}{4}$	2, $\frac{1}{4}$

Mesures des Superficies.

Toises quarrées, pieds quarrés etc. et mètres quarrés.

Chacun sait qu'une toise quarrée vaut 6 fois 6 ou 36 pieds quarrés et qu'un pied quarré fait 12 fois 12 ou 144 pouces quarrés ; au lieu qu'un mètre quarré vaut cent décimètres quarrés ; un décimètre quarré, cent centimètres quarrés, etc.

CONVERSION

des toises quarrées, pi. q. po. q. en mètres quarrés, décim. quarrés, centim q. N°. 29.

toises q.	mètr. q.	déc. q.	Pieds q.	mètr. q.	déc. q.	pouce. q.	déc. q.	cent. q.
1	3	80	1	0	11	1	0	7
2	7	60	2	0	21	2	0	15
3	11	40	3	0	32	3	0	22
4	15	20	4	0	42	4	0	29
5	18	99	5	0	53	5	0	37
6	22	79	6	0	63	6	0	44
7	26	59	7	0	74	7	0	51
8	30	39	8	0	84	8	0	59
9	34	19	9	0	95	9	0	66
10	37	99	10	1	06	10	0	73
20	75	97	11	1	16	20	1	47
30	113	96	12	1	27	30	2	20
40	151	95	13	1	37	40	2	93
50	189	94	14	1	47	50	3	66
60	227	92	15	1	58	60	4	40
70	265	91	20	2	11	70	5	13
80	303	90	25	2	64	80	5	86
90	341	89	30	3	17	90	6	60
100	379	87	35	3	69	100	7	33

CONVERSION

des mètres q. , décim. q. centim. quarrés, en toises quarrées,
pieds quarrés, pouces quarrés.

N°. 30.

mèt. quarrés.	toises quarrées.	pieds quarrés.	pouces quarrés.	décim. quarrés.	pieds quarrés.	pouces quarrés.	centim. quarrés.	pouces quarrés.	lignes quarrées.
1	«	9.	69	1	«	14	1	«	20
2	«	18.	137	2	«	27	2	«	39
3	«	28.	62	3	«	41	3	«	59
4	1.	1.	131	4	«	55	4	«	79
5	1.	11.	55	5	«	68	5	«	98
6	1.	20.	124	6	«	82	6	«	118
7	1.	30.	49	7	«	95	7	«	138
8	2.	3.	117	8	«	109	8	1.	13
9	2.	13.	42	9	«	123	9	1.	33
10	2.	22.	111	10	«	136	10	1.	53
20	5.	9.	77	20	1.	129	20	2.	105
30	7.	32.	44	30	2.	121	30	4.	14
40	10.	19.	10	40	3.	114	40	5.	66
50	13.	5.	121	50	4.	106	50	6.	119
60	15.	28.	88	60	5.	99	60	8.	27
70	18.	15.	54	70	6.	91	70	9.	80
80	21,	2.	21	80	7.	84	80	10.	132
90	23.	24.	132	90	8.	76	90	12.	41
100	26.	11.	98	100	9.	69	100	13.	93

Depuis 1812, le double mètre ayant été appelé toise métrique, il s'en suit que cette toise métrique quarrée vaut justement 4 mètres quarrés; de même le pied métrique quarré est le 9ᵉ du mètre quarré; le pouce métrique quarré est la 1296ᵉ partie du mètre quarré, ou 7 centim. q., 7161.

Mesures Agraires.

Les mesures Agraires sont très-diverses dans le Nord de la France. Les plus répandues en Artois sont celles d'Arras, de Boulogne et de St Omer. Nous allons comparer à l'hectare celles qui sont encore le plus usitées. On en compte une douzaine environ.

Quand la verge ne sera pas le centième de la mesure et ne s'en déduira pas immédiatement sans calcul, nous donnerons aussi son rapport avec l'are, et réciproquement.

Comme la même mesure est quelquefois usitée dans certaines parties du département fort éloignées les unes des autres, nous suivrons l'ordre des chefs-lieux de Cantons pour plus de commodité. Nous ne citerons d'autres localités qu'autant qu'elles donneront leurs noms à des mesures particulières.

AIRE. v. St OMER, p. 69, tab. 43.

ARDRES. v. BOULOGNE, p. 62, tab 38, et St OMER

p. 69 , tab 43.

Arras.

AUBIGNY, AUDRUICK, AUXI-LE-CH., AVESNES-LE-
Cte. BEAUMETZ-LES-LOGES, BERTINCOURT , BOU-
LOGNE, CAMBRIN, CAMPAGNE-LES-HESDIN, CARVIN
EPINOI . CROISILLES , DESVRES , ETAPLES,
FAUQUEMBERGUES, FRUGES, HESDIN, HEUCHAIN ,
HOUDAIN, LENS, LEPARCQ, MARQUION, NORRENT-
FONTES ,PAS, St POL, SAMER, VIMY, VITRY.

La mesure d'Arras s'emploie presque d'un bout
à l'autre du département. Sa valeur est de 100
verges de 22 pi de 11 pouces. Et comme l'arpent
des eaux et forêts est composé de 100 perches de
22 pieds de 12 pouces, il s'en suit que la mesure
d'Arras vaut 121 144 es. d'arpent des eaux et forêts.

Autrement elle fait 1129 T. Q. 25 PI. Q. (de 12
pouces) 64 po. q. c. à. d. 42 A, 91466. Il en résulte
que l'hectare vaut 2 mesures 33 ver, 021.

La verge étant ici le centième de la mesure ,
comme l'are est le centième de l'hectare , on évalue
les mesures en hectares et ares comme les verges
en ares, et centiares et réciproquement.

CONVERSION

des mesures en hectares, ares, etc., et réciproquement des hectares en mesures et verges.

No. 31.

Mesures.	Hectares.	Ares.	Centiares.	Hectares.	Mesures.	Verges.
1	0,	42	91	1	2,	33
2	0,	85	83	2	4,	66
3	1,	28	74	3	6,	99
4	1,	71	66	4	9,	32
5	2,	14	57	5	11,	65
6	2,	57	49	6	13,	98
7	3,	00	40	7	16,	31
8	3,	43	32	8	18,	64
9	3,	86	23	9	20,	97
10	4,	29	15	10	23,	30
20	8,	58	29	20	46,	60
30	12,	87	44	30	69,	91
40	17,	16	59	40	93,	21
50	21,	45	73	50	116,	51
60	25,	74	88	60	139,	81
70	30,	04	03	70	163.	11
80	34,	33	17	80	186,	42
90	38,	62	32	90	209,	72
100	42,	91	47	100	233,	02

CONVERSION

des verges en ares, etc. et réciproquement des ares en verges, etc. N° 32.

Verges.	Ares.	Centiares.	100ᵉˢ de cen.	Ares.	Verges.	100ᵉˢ de ver.
1	0,	42	91	1	2,	33
2	0,	85	83	2	4,	66
3	1,	28	74	3	6,	99
4	1,	71	66	4	9,	32
5	2,	14	57	5	11,	65
6	2,	57	49	6	13,	98
7	3,	00	40	7	16,	31
8	3,	43	32	8	18,	64
9	3,	86	23	9	20,	97
10	4,	29	15	10	23,	30
20	8,	58	29	20	46,	60
30	12,	87	44	30	69,	91
40	17,	16	59	40	93,	21
50	21,	45	73	50	116,	51
60	25,	74	88	60	139,	81
70	30,	04	03	70	163,	11
80	34,	33	17	80	186,	42
90	38,	62	32	90	209,	72
100	42,	91	47	100	233,	02

AUBIGNY, v. ARRAS, ci-dessus, p. 54 et 55, t. 31 et 32

Audruick.

Dans le canton d'AUDRUICK, on fait usage non

seulemént des mesures de BOULOGNE, et d'ARRAS , mais encore de la mesure dite du pays de LANGLE. Elle est de 300 verges de 14 pieds de (10 pouces), ou 1134 T. Q 9 PI. Q $\frac{1}{3}$ (de 12 pouces). Conséquemment une mesure vaut 43 ares , 0876 et l'hectare fait 2 mesures 96 verges et un quart.

CONVERSION

des mesures du pays de Langle en hectares, ares et centiares et réciproquement. No. 33.

Mesure	Hect.	Ares	Cent.	Hect.	Mesure	Verges.	100es de v.
1	0,	43	09	1	2.	96 ,	25
2	0,	86	18	2	4.	192 ,	51
3	1,	29	26	3	6.	288 ,	77
4	1,	72	35	4	9.	85 ,	02
5	2,	15	44	5	11.	181 ,	28
6	2,	58	53	6	13.	277 ,	54
7	3,	01	61	7	16.	73 ,	79
8	3,	44	70	8	18.	170 .	05
9	3,	87	79	9	20.	266 ,	35
10	4.	30	88	10	23.	62 ,	56
20	8,	61	75	20	46.	125 ,	12
30	12,	92	63	30	69.	187 ,	69
40	17,	23	50	40	92.	250 ,	25
50	21,	54	38	50	116.	12 ,	81
60	25;	85	26	60	139	75 .	37
70	30,	16	13	70	162.	137 ,	93
80	34,	47	01	80	185:	200 ,	49
90	38,	77	88	90	208.	263 ,	06
100	43,	08	76	100	232,	25 ,	62

CONVERSION

des verges du pays de Langle, en ares, centiares et réciproquement. No. 34.

Verges.	Ares.	Centiar	Ares.	Mesure	Verges.
1	0,	14	1	"	7
2	0,	29	2	"	14
3	0,	43	3	"	21
4	0,	57	4	"	28
5	0,	72	5	"	35
6	0,	86	6	"	42
7	1,	01	7	"	49
8	1,	15	8	"	56
9	1,	29	9	"	63
10	1,	44	10	"	70
20	2,	87	15	"	104
30	4,	31	20	"	139
40	5,	75	25	"	174
50	7,	18	30	"	209
60	8,	62	40	"	279
70	10,	05	50	1.	48
80	11,	49	60	1.	117
90	12,	93	70	1.	187
100	14,	36	80	1.	257
200	28,	73	90	2.	27

AUXI-LE-CHATEAU, v. ARRAS, p. 54 et 55, tab. 31 et 32
AVESNES-LE-Cte, v. ARRAS, p. 54 et 55, tab. 31 et 32

Bapaume.

BERTINCOURT, CROISILLES, MARQUION, VITRY.

4.

La mencaudée de BAPAUME formée de 125 verges de 22 pieds (de 11 pouces), vaut les 5) quarts de la mesure d'ARRAS. C'est 1411 T. Q. 7 PI. Q. (de 12 po) et 44 PO. Q, ou 53 ares, 6436. La verge est la même que celle d'ARRAS : voyez en le tableau p. 55 n° 32, pour la conversion des verges en ares et réciproquement.

No. 35.

Mesures	Hectares	Ares	Centiares	Hectares	Mesures	Verges
1	0,	53	64	1	1,	108
2	1,	07	29	2	3,	91
3	1,	60	93	3	5,	74
4	2,	14	57	4	7,	57
5	2,	68	22	5	9,	40
6	3,	21	86	6	11,	23
7	3,	75	50	7	13,	6
8	4,	29	15	8	14,	114
9	4,	82	79	9	16,	97
10	5,	36	44	10	18,	80
20	10,	72	87	20	37,	35
30	16,	09	31	30	55,	116
40	21,	45	74	40	74,	71
50	26,	82	18	50	93,	26
60	32,	18	62	60	111,	106
70	37,	55	05	70	130,	61
80	42,	91	49	80	149,	17
90	48,	27	92	90	167,	97
100	53,	64	36	100	186,	52

BEAUMETZ-LES-LOGES, v. ARRAS, p. 54 et 55, t. 31 et 32.
BERTINCOURT, v. BAPAUME, p. 58 t. 35, ARRAS, p. 54
et 55, t. 31 et 32, et St OMER. p. 69 et 70, tab. 43 et 44.

Béthune.

CAMBRIN, LAVENTHIE, NORRENT-FONTES, St OMER.

On emploie à Béthune, et aux environs, trois
espèces de mesures. 1º la mesure dite *d'ancienne
loi*, 2º la mesure dite *de nouvelle loi*, 3º la mesure
dite *de Beuvry*, qui est une altération de la seconde.

1º. La mesure d'ancienne loi vaut 400 vergelles,
de 10 pieds (de 11 pouces), ou 100 verges de 20 pieds
(de 11 pouces). Elle fait 933 T. Q. 23 PI. Q. (de 12 po)
16 po Q. C'est la même que celle de St Omer, et nous
y renvoyons le lecteur p. 69 et 70, tab. 43 et 44, parce
que la vergelle de Béthune n'est autre chose que le
quart de celle de St Omer. Nous ferons seulement
observer que, pour convertir des vergelles en arcs,
on prendra le quart du nombre de vergelles en
question, et le résultat exprimera des verges de St
Omer : tandis qu'au contraire pour évaluer les
hectares ou ares en mesures d'ancienne loi, on les
transformera en mesures et verges de St Omer, puis
on quadruplera le nombre de verges qui accompagne
les mesures pour avoir son équivalent en vergelles.

2º. La mesure de *nouvelle loi* se compose de 450
vergelles de 10 pi. (de 11 pouces), ou 112 ½ verges
de 20 pi. (de 11 pouces), ce qui donne 1050 t. q. 12
pi. q. ½ (de 12 pouces) ou 39 ares, 90. Il est aisé
de voir que 8 mesures de nouvelle loi en font 9
d'ancienne loi.

Pour les vergelles ou les verges, comme elles sont les mêmes que les précédentes, nous renvoyons à ce qui vient d'être dit. Nous donnons seulement ici le tableau de la conversion des mesures de *nouvelle loi* en hectares et réciproquement.

Nº. 36.

Mesures,	Hectares	Ares.	Centiares.	Hectares.	Mesures.	Vergelles,
1	0,	39	90	1	2.	228
2	0,	79	80	2	5.	6
3	0,	19	70	3	7.	233
4	1,	59	60	4	10.	11
5	1,	99	50	5	12.	239
6	2,	39	40	6	15.	17
7	2,	79	30	7	17.	245
8	3,	19	20	8	20.	23
9	3,	59	10	9	22.	250
10	3,	99	00	10	25.	28
20	7,	98	00	20	50.	56
30	11,	97	00	30	75.	85
40	15,	96	00	40	100.	113
50	19,	95	00	50	125.	141
60	23,	94	00	60	150.	169
70	27,	93	00	70	175.	197
80	31,	92	00	80	200.	226
90	35,	91	00	90	225.	254
100	39,	90	00	100	250.	282

Beuvry.

Cambrin, Norrent Fontes.

3°. La mesure de Beuvry est de 444 vergelles de 10 pieds de 11 pouces. Même vergelle que ci-dessus: mais la mesure est plus petite de six vergelles que celle de *nouvelle loi*. La mesure de Beuvry revient à 1036 t. q. 12 pi. q. ⅓ (de 12 pouces), ou 39 ares, 3680.

No. 37.

Mes.	Hect.	Ares.	Cent.	Hect.	Mes.	Vergel.
1	0,	39	37	1	2.	239
2	0,	78	74	2	5.	36
3	1,	18	10	3	7.	275
4	1,	57	47	4	10.	71
5	1,	96	84	5	12.	311
6	2,	36	21	6	15.	107
7	2,	75	58	7	17.	347
8	3,	14	94	8	20.	143
9	3,	54	31	9	22.	382
10	3,	93	68	10	25.	178
20	7,	87	36	20	50.	356
30	11,	81	04	30	76.	91
40	15,	74	72	40	101.	269
50	19,	68	40	50	127.	3
60	23,	62	08	60	152.	181
70	27,	55	76	70	177.	359
80	31,	49	44	80	203.	94
90	35,	43	12	90	228.	272
100	39,	36	80	100	254.	6

Boulogne.

CALAIS, CAMPAGNE-LES-HESDIN, DESVRES, ÉTAPLES, GUISNES, HUCQUELIERS, MARQUISE, MONTREUIL, SAMER.

Dans l'arrondissement de Boulogne, on évalue les terres soit à la mesure d'Arras, (voyez cette mesure, p. 54 et 55 tab. 31 et 32) soit à une autre mesure qui est de 100 verges de 20 pieds (de 12 pouces), ou 1111 T Q. $\frac{1}{9}$ qui font 42 ares, 2083. C'est la seule mesure où le pied ait conservé les douze pouces.

No. 38

M	H	A	C	H	Ma	V
1	0,	42	21	1	2,	37
2	0,	84	42	2	4,	74
3	1,	26	62	3	7,	11
4	1,	68	83	4	9,	48
5	2,	11	04	5	11,	85
6	2,	53	25	6	14,	22
7	2,	95	46	7	16,	58
8	3,	37	67	8	18,	95
9	3,	79	87	9	21,	32
10	4,	22	08	10	23,	69
20	8,	44	17	20	47,	38
30	12,	66	25	30	71,	08
40	16,	88	33	40	94,	77
50	21,	10	41	50	118,	46
60	25,	32	50	60	142,	15
70	29,	54	58	70	165,	84
80	33,	76	68	80	189,	54
90	37,	98	74	90	213,	23
100	42,	20	83	100	236,	92

CONVERSION.

Des verges en ares, etc et réciproquement des ares.
en verges.

No. 39.

Verges.	Ares.	Centiares.	100es de cen.	Ares.	Verges.	100es de verg.
1	0,	42	21	1	2,	37
2	0,	84	42	2	4,	74
3	1,	26	62	3	7,	11
4	1,	68	83	4	9,	48
5	2,	11	04	5	11,	85
6	2,	53	25	6	14,	22
7	2,	95	46	7	16,	58
8	3,	37	67	8	18,	95
9	3,	79	87	9	21,	32
10	4,	22	08	10	23,	69
20	8,	44	17	20	47,	38
30	12,	66	25	30	71,	08
40	16,	88	33	40	94,	77
50	21,	10	41	50	118,	46
60	25,	32	50	60	142,	15
70	29,	54	58	70	165,	84
80	33,	76	68	80	189,	54
90	37,	98	74	90	213,	23
100	42,	20	83	100	236,	92

Bucquoy.

La mesure de Bucquoy usitée entre Arras et
Bapaume, est une moyenne entre les mesures de

ces deux villes. Sa valeur est de $112\frac{1}{2}$ verges de 22 p. de 11 po. (1270 т. q. 16 pi. q. $\frac{3}{8}$ de 12 pouces,) ou 48 ares, 2790. La verge est celle de Bapaume ou d'Arras. Pour transformer des ares en verges de Bucquoy etc. réciproquement, on consultera la table d'Arras, p. 54 et 55 tab. 31 et 32.

N° 40.

Mesures.	Hectares.	Ares.	Centiares.	Hectares.	Mesures.	Verges.
1	0,	48	28	1	2.	8
2	0,	96	56	2	4.	16
3	1,	44	84	3	6.	24
4	1,	93	12	4	8,	32
5	2,	41	39	5	10.	40
6	2,	89	67	6	12.	48
7	3,	37	95	7	14.	56
8	3,	86	23	8	16.	64
9	4,	34	51	9	18.	72
10	4,	82	79	10	20.	80
20	9,	65	58	20	41.	48
30	14,	48	37	30	62.	16
40	19,	31	16	40	82.	96
50	24,	13	95	50	103.	64
60	28,	96	74	60	124.	31
70	33,	79	53	70	144.	111
80	38,	62	32	80	165.	79
90	43,	45	11	90	186.	47
100	48,	27	90	100	207.	15

(65)

Calais v. Boulogne, p. 62 et 63, tab. 38 et 39.

Cambrin, v. Arras p. 54 et 55, tab. 31 et 32, et les mesures de Béthune et de Beuvry p. 60 et 61, tab. 36 et 67.

Campagne-les-Hesdin, v. Arras, p. 54 et 55, tab.
31 et 32, et Boulogne p. 62 et 63, tab. 38 et 39.

Carvin Epinoy, v. Arras, p. 54 et 55, tab. 31 et 32,
et St.-Omer, p, 69 et 70, tab. 43 et 44.

Croisilles v. Arras, p. 54 et 55, tab. 31 et 32, et
Bapaume, p. 58, tab. 35.

Desvres v. Arras, p. 54 et 55, tab. 31 et 32, et Boulogne, p. 62 et 63, tab. 38 et 39.

Etaples v. Arras, p. 54 et 55, tab. 31 et 32,
et Boulogne p. 62 et 63, tab. 38 et 39.

Fauquembergues v. Arras p. 54 et 55, tab. 21 et 32,
et St-Omer, p. 69 et 70, tab. 43 et 44.

Fruges v. Arras, p. 54 et 55, tab. 31 et 32, et St.-
Omer, p. 69 et 70, tab. 43 et 44.

Guines v. Boulogne, p. 62 et 63, tab. 38 et 39.

Hesdin v. Arras, p. 54 et 55, tab. 31 et 32.

Heuchin v. Arras, p. 54 et 55, tab. 31 et 32.

Houdain v. Arras, p. 54 et 55, tab. 31 et 32.

Hucqueliers v. Boulogne, p. 62 et 63, tab. 38 et 39.

Langle (mesure du pays de) v. Audruick, p. 56
et 57, tab, 33 et 34.

Laventhie v. Béthune 1° p. 59.

Lens, v. Arras, p. 54 et 55, tab. 31 et 32.

Leparcq, v. Arras, p. 54 et 55, tab. 31 et 32.

Lillers, et Norrent-Fontes.

Dans les environs de Lillers on fait usage d'une
mesure particulière de 500 vergelles de 10 pieds
(de 11 pouces), 44 ares ⅓, ou 1167 T Q. 1 PI. Q. $\frac{2}{9}$ (de

12 pouces). C'est donc la même vergelle qu'à Béthune, ou le quart de la verge de St. Omer (v. St. Omer p. 69 et 70 t. 43 et 44) La mesure de Lillers est plus grande d'un quart que celle de Béthune No. 1, (ancienne loi), et la mesure No 2, (nouvelle loi) est une moyenne entre les deux.

N°. 41.

Mesures.	Hectares.	Ares.	Centiares.	Hectares.	Mesures.	Vergelles.
1	0,	44	33	1	2.	128
2	0,	88	67	2	4.	256
3	1,	33	00	3	6.	383
4	1,	77	33	4	9.	11
5	2,	21	67	5	11.	139
6	2,	66	00	6	13.	267
7	3,	10	33	7	15.	395
8	3,	54	67	8	18.	23
9	3,	99	00	9	20.	150
10	4,	43	33	10	22.	278
20	8,	86	67	20	45.	56
30	13,	30	00	30	67.	335
40	17,	73	33	40	90.	113
50	22,	16	67	50	112.	391
60	26,	60	00	60	135.	169
70	31,	03	33	70	157.	447
80	35;	46	67	80	180.	226
90	39,	90	00	90	203.	4
100	44,	33	33	100	225.	282

OSTREVENT.

MARQUION ET VITRY.

La mesure dite *d'Ostrevent* est en usage dans le canton de Vitry , concurremment avec celles d'Arras, de Bapaume et même de St. Omer. On s'en sert aussi dans celui de Marquion. Elle vaut 1190 T Q. 14 $\frac{1}{6}$ PI. Q. (de 12 pouces) c-a-d. 127 $\frac{1}{2}$ verges de 20 PI. de 11 PO., ou 45 ares, 2200. La verge est exactement celle de St. Omer , à la quelle le lecteur est prié de recourir pour la conversion des verges de 20 PI. de 11 PO. en ares , et réciproquement.

N°. 42.

Mesures.	Hectares.	Ares.	Centiares.	Hectares.	Mesures.	Verges.
1	0,	45	22	1	2.	27
2	0,	90	44	2	4.	54
3	1,	35	66	3	6,	81
4	1,	80	88	4	8.	108
5	2,	26	10	5	11.	7
6	2.	71	32	6	13.	34
7	3,	16	54	7	15.	61
8	3,	61	76	8	17.	88
9	4,	06	98	9	19.	115
10	4,	52	20	10	22.	15
20	9,	04	40	20	44.	29
30	13,	56	60	30	66.	44
40	18,	08	80	40	88.	58
50	22,	61	00	50	110.	73
60	27,	13	20	60	132.	87
70	31,	65	40	70	154.	102
80	36,	17	60	80	176.	116
90	40,	69	80	90	199.	3
100	45,	22	00	100	221.	81

Pas, v. Arras, p. 54 et 55, tab. 31 et 32.

St. Omer.

BERTINCOURT, BÉTHUNE, (ancienne loi), CARVIN-
EPINOY, FAUQUEMBERGUES, FRUGES, LUMBRES,
ET MARQUION.

La mesure de St. Omer s'étend sur toute la

lisière du Pas-de-Calais, du Nord à l'Est. Elle vaut 100 verges de 2) pieds de (11 pouces), ou 933 T Q. 23 PI. Q. (de 12 pouces,) 16 pouces Q. Elle ne diffère donc réellement pas de la mesure de Béthune N° 1 (ancienne loi), puisque la verge vaut 4 vergelles.

CONVERSION.

Des mesures en hectares, etc, et réciproquement des hectares en mesures. N°. 43.

Mes.	Hect.	Ares.	Cent.	Hect.	Mes.	Verges.
1	0.	35	47	1	2,	82
2	0,	70	93	2	5,	64
3	1,	06	40	3	8,	46
4	1,	41	87	4	11,	28
5	2,	77	33	5	14,	10
6	2,	12	80	6	16,	92
7	2,	48	27	7	19,	74
8	2,	83	73	8	22,	56
9	3,	19	20	9	25,	38
10	3,	54	67	10	28,	20
20	7,	09	33	20	56,	39
30	10,	64	00	30	84,	59
40	14,	18	67	40	112,	78
50	17,	73	33	50	140,	98
60	21,	28	00	60	169,	17
70	24,	82	67	70	197,	37
80	28,	37	33	80	225,	56
90	31,	92	00	90	253,	76
100	35,	46	67	100	281,	96

CONVERSION,

Des verges en ares, etc. et réciproquement des ares en verges.

No 44.

Verges.	Ares.	Centiares.	100's de cent.	Ares.	Verges.	100's de verg.
1	0,	35	47	1	2,	82
2	0,	70	93	2	5,	64
3	1,	06	40	3	8,	46
4	1,	41	87	4	11,	28
5	2,	77	33	5	14,	10
6	2,	12	80	6	16,	92
7	2,	48	27	7	19,	74
8	2,	83	73	8	22,	56
9	3,	19	20	9	25,	38
10	3,	54	67	10	28,	20
20	7,	09	33	20	56,	39
30	10,	64	00	30	84,	59
40	14,	18	67	40	112,	78
50	17,	73	33	50	140,	98
60	21,	28	00	60	169,	17
70	24,	82	67	70	197,	37
80	28,	37	33	80	225,	56
90	31,	92	00	90	253,	76
100	35,	46	67	100	281,	96

St. Pol, v. Arras, p. 54, et 55, tab. 31 et 32.
Samer, v. Boulogne, p. 62 et 63, tab. 38 et 39.
Vimy, v. Arras, p. 54 et 55, tab. 31 et 32.

(71)

Vitry, v. Arras, p. 54 et 55, tab. 31 et 32. Bapaume
p.[s] 58, tab. 35, et la mesure d'Ostrevent, p. 68,
tab. 42.

Lille *

Le bonnier de Lille est de 1600 petites verges
de 11 pieds (de 10 pouces.) Or, 11 pi. de 10 po.
etant la même chose que 10 pieds de 11 pouces,
il est aisé de voir que la verge de Lille est le quart
de celle de St. Omer, tandis que le bonnier vaut
au contraire 4 mesures de St. Omer. Le tableau
précédent pourra donc facilement servir à la conversion des bonniers et verges de Lille en hectares,
et ares et réciproquement.

MESURES DES VOLUMES.

Toises Cubes, Pieds Cubes, etc.

En faisant le produit du nombre 1,942 037...
par lui même deux fois on trouve 7, 403 890...
valeur de la toise cube en mètres cubes; et le
produit de trois nombres égaux à 0,513 074 donne
0, 135 064, valeur du mètre cube en toise cube.
C'est ainsi qu'ont été calculés les deux tableaux
suivants On se rappellera qu'une toise cube vaut
216 pi. cubes, qu'un pied cube fait 1728 pouces
cubes, et qu'un pouce cube équivaut à 1728 lignes
cubes.

CONVERSION.

Des toises cubes, pieds cubes et pouces cubes, en mètres cubes, décimètres et centimètres.

No. 45.

Toises cubes.	Mètres cubes. Décimèt. cub.	Pieds cubes.	Mètres cubes. Décim. cubes.	Pouces cubes.	Décim. cubes. Centim. cubes.
1	7, 404	1	0, 034	1	0, 020
2	14, 808	2	0, 069	2	0, 040
3	22, 212	3	0, 103	3	0, 060
4	29, 616	4	0, 137	4	0, 079
5	37, 020	5	0, 171	5	0, 099
6	44, 423	6	0, 206	6	0, 119
7	51, 827	7	0, 240	7	0, 139
8	59, 231	8	0, 274	8	0, 159
9	66, 635	9	0, 308	9	0, 179
10	74, 039	10	0, 343	10	0, 199
20	148, 078	20	0, 686	20	0, 397
30	222, 117	30	1, 028	40	0, 793
40	296, 156	40	1, 371	60	1, 190
50	370, 195	50	1, 714	80	1, 587
60	444, 233	60	2, 057	100	1, 984
70	518. 272	70	2, 399	200	3, 967
80	592, 311	80	2, 742	400	7, 935
90	666, 350	90	3, 085	600	11, 902
100	740. 389	100	3, 428	800	15, 869
200	1480, 778	200	6, 855	1000	19, 836

CONVERSION

Des mètres cubes, décimètres cubes, centimètres cubes et toises cubes, pieds cubes, pouces cubes, et lignes cubes.

No 46.

Mètres cubes ou stères.	Toises cubes.	Pieds cubes	Pouces cubes.
1	»	29.	300
2	»	58.	601
3	»	87.	901
4	»	116.	1202
5	»	145.	1502
6	»	175.	75
7	»	204.	375
8	1.	17.	676
9	1.	46.	976
10	1.	75.	1276
20	2.	151.	825
30	4.	11.	373
40	5.	86.	1650
50	6.	162.	1198
60	8.	22.	746
70	9.	98.	295
80	10.	172.	1571
90	12.	33.	1119
100	13.	109.	668
200	27.	2.	13.6

Décimètres cubes ou litres.	Pieds cubes.	Pouces cubes.
1	»	50
2	»	101
3	»	151
4	»	202
5	»	252
6	»	302
7	»	353
8	»	403
9	»	454
10	»	504
20	»	1008
40	1.	288
60	1.	1297
80	2.	577
100	2.	1585
200	5.	1442
400	11.	1157
600	17.	871
800	23.	586
1000	29.	300

Centim. cubes.	Pouces cubes,	Lignes cubes.
1	»	87
2	»	174
3	»	261
4	»	348
5	»	436
6	»	523
7	»	610
8	»	697
9	»	784
10	»	871
20	1.	14
40	2.	29
60	3.	43
80	4.	57
100	5.	71
200	10.	143
400	20.	285
600	30.	428
800	40.	570
1000	50.	713

Nous ne donnons point de tableaux pour les toises métriques cubes, parce que la *toise de 1812, dite métrique,* valant 2 mètres, si on la cube, elle donne 8 mètres cubes. De même le pied métrique cube est le 27ᵉ du mètre cube, ou 37 décimètres cubes et 37 centimètres cubes.

Le pouce métrique cube vaut la 46656ᵉ partie du mètre cube, c'est-à-dire 21 centimètres cubes et 433 millimètres cubes. On voit que ces mesures diffèrent assez peu des véritables mesures, dont elles avaient pris les noms.

Autres Mesures des Capacités.

Les anciennes mesures des capacités telles que la rasière, la mencaudée, le pot, etc, ainsi que leurs subdivisions ne sont heureusement plus guère usitées. Ainsi ce qu'on nomme à Arras une rasière de charbon s'entend aujourd'hui d'un hectolitre, ce qu'on appelle pot est un double litre etc. Nous disons heureusement, car il est certaines localités, comme Arras, ou il y avait jusqu'à dix sortes de rasières ou mesures différentes.

Les noms de rasière, mencaudée, boitelée, ne s'appliquent plus qu'aux mesures de terre et à leurs subdivisions, parce qu'autre fois on étendait aux terrains les noms des mesures de grains nécessaires pour les ensemencer. Nous n'insisterons donc pas longuement sur ces anciennes mesures puisqu'aujourd'hui le litre, le décalitre, l'hectolitre sont assez connus.

Nous nous bornerons à présenter ici le rapport de chacune d'elles au nouveau système, pour l'intelligence des anciens contrats de vente, etc.

Grains et autres matières sèches.

		Litres	Millilit.
AIRE.	La rasière à tous grains vaut 4 boisseaux ou	103,	616
ARDRES.	v. Calais p. 76 et 77.		
ARRAS.	La rasière est de 4 boisseaux.		
	Pour le Blé elle vaut	86,	289
	Pour l'Avoine	102,	060
	—— l'OEillette et le Colza	108,	735
	—— Les grains ronds	119,	275
	—— Le charbon de bois	92,	591
	—— Les cendres	105,	017
	—— La braise	106,	531
	—— Le sel	121,	214
	—— Le charbon de terre	126,	206
	La mesure de chaux vaut	197,	584
AUBIGNY.	La rasière est de 4 boisseaux.		
	Pour les grains elle vaut	93,	592
	Pour les autres matières v. ARRAS p. 75 ci dessus.		
AUXI-LE-CHATÉAU.	La rasière est de 4 boisseaux. Pour le blé elle v.	54,	084

litres millilit

La rasière pour l'Avoine.　68, 094

AVESNES-LE-COMTE. La rasière est de 4 boisseaux. Pour le Blé, le Seigle et l'Escourgeon elle v.　98, 115

Pour les grasses de mars et les matières sèches.　112, 310

BAPAUME. La rasière est de 4 boisseaux. Pour le Blé elle vaut.　84, 879

Pour les autres matières, v. ARRAS, p. 75 ci-dessus.

BÉTHUNE. La rasière est de 4 boisseaux. Pour le Blé, le Seigle et l'Orge, elle vaut.　78, 853

Pour l'Avoine.　123, 811

Pour les grains de mars　111, 401

La mesure de chaux vaut　36, 643

La rasière de sel.　37, 372

—— Charbon de terre.　46, 697

—— Braise.　165, 891

—— Charbon de bois.　219, 640

BOULOGNE. La rasière est de 4 quartiers ou de 16 boisseaux, mais comme on donnait un boisseau en sus pour la rasière, elle valait en réalité 17 boisseaux.　185, 623

Le quartier de grains.　43, 676

CALAIS. La rasière est comme à Boulogne, de 4 quartiers qui

litres millilit.

font 16 boisseaux, mais elle valait 17 boisseaux.

Le quartier de grains et de charbon de bois vaut   44, 374

La mesure de chaux est le $\frac{1}{4}$ du poquin elle vaut   51, 082

La mesure de Charbon de terre est le $\frac{1}{2}$ baril.   67, 285

Le boisseau de sel gris vaut 4 quartes ou   67, 043

La rasière de sel blanc vaut 17 boisseaux.   163, 990

CARVIN-EPINOY. La rasière est de 4 boisseaux
Pour le blé, le seigle et l'orge elle vaut,   70, 280
         l'Avoine.   83, 432

FRÉVENT. Le quartier de grains vaut.   46, 204

FRUGES. La rasière est de 4 boisseaux.
Pour le blé elle vaut   62, 832

GUISNES. La rasière est de 17 boisseaux (pour 16). Celle de charbon de terre, vaut   177, 496
La rasière de Sel   152, 343
Voyez en outre Calais ci-dessus, p. 77.

HARDINGHEM. La rasière est de 17 bois-seaux. Celle des grains et du sel, vaut   179, 003

La mesure ou demi-baril de charbon de terre vaut   86, 387
La mesure de chaux.   45, 703

litres millilit

Hesdin. Le boisseau de blé et de sel
est le $\frac{1}{12}$ de la rasière de
charbon de bois, ou   10, 378
Celui d'Avoine vaut   12, 651
— de charbon de terre   32, 849
La rasière ou les 12 boisseaux
de charbon de bois   124, 540
La manne à chaux de la con-
tenance de 4 boisseaux à
Blé, vaut   41, 512
Lens. Voyez Arras, p. 75.
Lillers. La rasière est de 4 boisseaux.
Pour les grains elle vaut   81, 595
Le charbon de bois   185, 634
La chaux   47, 947
Montreuil. Le quartier est de 4 bois-
seaux. Pour le blé, le seigle
et l'orge,   34, 929
l'Avoine   48, 901
La mesure pour les charbons
vaut   93, 348
St. Omer. Le quartier de 4 biguets.
Pour les grains, le sel et le
charbon de terre, il vaut   33, 367
La rasière de charbon de
bois, vaut   112, 115
Celle de chaux   67, 692
St. Pol. Le quartier est de 4 boisseaux.
Pour le blé, le seigle, etc.
il vaut   38, 836

	litres millil
Le quartier à l'Avoine	76, 038
La rasière à sel vaut	91, 733
Celle de charbon de terre est de franquets, elle vaut	136, 726
La rasière au charbon de bois est de 4 quartiers	157, 976
La mesure à chaux est la demi-rasière à charbon de bois	78, 938

St. VENANT. La rasière est de 4 bois-seaux, pour les grains de mars 91, 051

Pour les autres grains v. Béthune, p. 76.

Ajoutons à cette liste les valeurs de quelques mesures de la SOMME et du NORD.

	Litres millilit
ABBEVILLE. Le setier vaut 10 boisseaux de Paris	130
AMIENS. Le setier vaut pour le blé	34, 815
Pour les grains de mars	50, 5
BERGUES. La rasière aux grains vaut	144, 1
au charbon	227, 6
CAMBRAI. La mencaulée aux grains vaut	56, 3
La rasière au sel	121, 2
La rasière au charbon de terre v.	92, 4
au charbon de bois	84, 4

		litres	millilit.
CASSEL.	La rasière vaut	160,	1
DOUAI.	La rasière au blé vaut	84,	2
	Celle aux grains de mars	98,	8
	au sel	113	
	au charbon de bois	99,	5
	au charbon de terre	144	
DUNKERQUE.	La rasière aux grains vaut	161,	5
	au sel et au ch. de bois	184	
	au charbon de terre	324,	1
	à la chaux	77,	7
ETAIRES.	La rasière vaut	90,	5
HAZEBROUCK	Rasière au blé.	172,	9
	aux grains de mars	194,	1
LILLE.	Rasiere au blé	72,	2
	aux grains de mars	81,	2
	Rasière au sel	86,	6
	au charbon de terre	110	
	au charbon de bois	157,	1
MERVILLE.	A peu près la rasière d'E-taires, ou	90.	4
VALENCIENNES.	Mencaudée à grains	51,	3
	Rasière à charbon de terre	90.	1
	Rasière à charbon de bois	206,	9
	à chaux	137,	3

Liquides.

La mesure des liquides était le pot. Il valait 4 pintes ou 16 potées, ou bien enfin 64 colettes ou 64

quarts de potée. Dans certaines localités telles que
Calais, Guisnes, Hardinghem, St Omer, la potée
s'appelait tierçon. Dans d'autres, comme à Montreuil, ce nom se donnait à la demi-pinte.

litres millit.

AIRE, AUBIGNY, BAPAUME, LENS. Les
      100 pots font.   210 , 266
AUBIGNY, (à) le pot de bière était
      d'environ 2 litres 5.
ARDRES, Les 100 pots valent.   240 , 882
ARRAS   212 , 358
AUBIGNY, v. AIRE, ci dessus.
AUXI-LE-CHATEAU.   267 , 352
AVESNES-LE-COMTE.   173 , 568
BAPAUME, v. AIRE, ci-dessus.
BÉTHUNE, et St. VENANT.   214 , 233
BÉTHUNE, pour la bière et l'huile. 238
BOULOGNE.   193 , 868
CALAIS.   192 , 929
FRÉVENT.   177 , 446
FRUGES.   225 , 879
GUISNES ET HARDINGHEM.   190 , 429
HESDIN.   205 , 053
LENS, v. AIRE ci dessus.
LILLERS.   208 , 626
MONTREUIL.   174 , 645
St. OMER.   211 , 537
St. POL.   220
St. VENANT, v. BÉTHUNE.

5*

MESURES PARTICULIÈRES

DES CAPACITÉS,

(légales depuis 1812.)

Le gouvernement avait cru devoir diviser l'hectolitre en quarts, huitièmes, seizièmes, etc. Il appelait double boisseau la capacité de 25 litres. 12 litres et demi faisaient le boisseau métrique, 6 lit, 25 le demi boisseau métrique, etc.

Le litre était de même divisé en demi, quarts, huitièmes etc.

MESURES DE BOIS

de chauffage ou de construction.

Les anciennes mesures de bois de chauffage ne sont pas encore abondonnées. Toutes fois comme l'usage de la houille est géneralement préféré à celui du bois, nous n'entrons pas dans de longs details.

Arras et Aubigny.

La corde d'Arras valait 70 pi. cub. (de 12 po.) et 1540 pouces cubes, ou bien 92 pi. cubes (de 11 pouces , et 48 po. cub. ce qui revient à 2 stères , 42995. Celle d'Aubigny était la même.

N°. 47.

Cordes.	Stères.	Centistères.	Stères.	Cordes.	100as de cor.
1	2,	43	1	0,	41
2	4,	86	2	0,	82
3	7,	29	3	1,	23
4	9,	72	4	1,	65
5	12,	15	5	2,	06
6	14,	58	6	2,	47
7	17,	01	7	2,	88
8	19,	44	8	3,	29
9	21,	87	9	3,	70

AUBIGNY, v. ARRAS, ci-dessus, p. 83 , tab. 47.

Bapaume.

La corde de Bapaume était la corde d'ordon-
nance ou des eaux et forêts de 112 pi. cubes; 8 pieds
de long sur 4 de haut, les bûches de 3 pieds et demi
de longueur, (pied de 12 pouces). La corde fait
3 st, 83905.

No. 48.

Cordes.	Stères.	Centistères.	Stères.	Cordes.	100es de cor.
1	3,	84	1	0,	26
2	7,	68	2	0,	52
3	11,	52	3	0,	78
4	15,	36	4	1,	04
5	19,	20	5	1,	30
6	23,	03	6	1,	56
7	26,	87	7	1,	82
8	30,	71	8	2,	08
9	34,	55	9	2,	34

Béthune.

La corde de Béthune était de 83 pi. c. $\frac{3}{16}$ c. à d.
83 pi. c. 324 po. c. ce qui revient à 108 pi. c.
(de 11 po). ou 2 st, 85144 Cela suppose une
membrure carrée de 6 pieds (de 11 pouces) de
côté avec des bûches de 3 pieds(de 11 pouces)ou 33
pouces de long.

Elle se divisait en 40 faisceaux.

No. 49.

Faisceaux.	Centistéres.	Cordes.	Stères.	Centistères.	Stères.	Cordes.	Faisceaux.
1	7	1	2 ,	85	1		14
2	14	2	5 ,	70	2		28
3	21	3	8 ,	55	3	1.	2
4	29	4	11 ,	41	4	1.	16
5	36	5	14 ,	26	5	1.	30
6	43	6	17 ,	11	6	2.	4
7	50	7	19 ,	96	7	2.	18
8	57	8	22 ,	81	8	2.	32
9	64	9	25 ,	66	9	3.	6

Boulogne et Guisnes.

La somme de Boulogne, valait 9 pi. c. 366 po. c. ou 0, st 3277.

N°. 50.

Sommes.	Stères.	Centistères.	Stères.	Sommes.	100es desom.
1	0,	33	1	3,	05
2	0,	66	2	6,	10
3	0,	98	3	9,	16
4	1,	31	4	12,	21
5	1,	64	5	15,	26
6	1,	97	6	18,	31
7	2,	29	7	21,	36
8	2,	62	8	24,	42
9	2,	95	9	27,	47

Calais.

Il y avait à CALAIS deux mesures pour le bois : la somme de bois dur et la somme de bois tendre. La première valait 7 ½ pieds cubes. (de 12 p.) ou 0 st, 257 et la seconde 10 ½ pi. cub. ou 0 st, 35991 c'est-à-dire que 7 sommes de *bois dur* occupaient le même volume que 5 sommes de *Lois tendre*.

La somme se subdivisait en 61 marques.

BOIS TENDRE.

No. 51.

Marques.	Centistères.	Sommes.	Stères.	Centistères.	Stères.	Sommes.	Marques.
1	$\frac{1}{2}$	1	0	36	1	2.	47, 49
2	1	2	0	72	2	5.	33, 97
3	2	3	1	08	3	8.	20, 46
4	$2\frac{1}{3}$	4	1	44	4	11.	6, 95
5	3	5	1	80	5	13.	54, 43
6	$3\frac{1}{2}$	6	2	16	6	16.	40, 92
7	4	7	2	52	7	19.	27, 40
8	$4\frac{3}{4}$	8	2	88	8	22.	14, 89
9	5	9	3	24	9	25.	0, 38

BOIS DUR.

No. 52.

Marques.	Centistères.	Sommes.	Stères. Centistères.	Stères.	Sommes et Marques.
1	1/2	1	0, 26	1	3. 54
2	3/4	2	0, 51	2	7. 48
3	1 1/4	3	0, 77	3	11. 41
4	1 2/3	4	1, 03	4	15. 34
5	2	5	1, 29	5	19. 27
6	2 1/2	6	1, 54	6	23. 21
7	3	7	1, 80	7	27. 14
8	3 1/3	8	2, 06	8	31. 7
9	3 3/4	9	2, 31	9	35. 1/2

GUISNES, v. BOULOGNE, p. 86, tab. 50.

(89)

Hesdin et Montreuil.

La corde en usage à HESDIN, vaut 94 pi. c. (de 12 po.) et 615 po. c, ou 3st, 23426.

No. 53.

Cordes.	Stères.	Centistères.	Stères.	Cordes.	100es de cor.
1	3,	23	1	0,	31
2	6,	47	2	0,	62
3	9,	70	3	0,	93
4	12,	94	4	1,	24
5	16,	17	5	1,	55
6	19,	41	6	1,	86
7	22,	64	7	2,	16
8	25,	87	8	2,	47
9	29,	11	9	2,	78

MONTREUIL, v. HESDIN, ci-dessus tab. 53 p. 89.

Lillers.

La corde de Lillers valait 60 pi. cub. 1601 po.
c. ou 2,st 08839. Elle se divisait en 100 faisceaux.

CONVERSION

Des cordes en stères et réciproquement.

Nᵒ. 54.

Cordes.	Stères.	Centistères.	Stères.	Cordes.	Faisceaux.
1	2,	09	1	0,	48
2	4,	18	2	0,	96
3	6,	27	3	1,	44
4	8,	35	4	1,	92
5	10,	44	5	2,	39
6	12,	53	6	2,	87
7	14,	62	7	3,	35
8	16,	71	8	3,	83
9	18,	80	9	4,	31

CONVERSION

Des faisceaux en centistères et réciproquement.

Nº. 55.

Faisceaux.	Centistères.	100es de Cent.	Centistères.	Faisceaux.	100es de Faisc.
1	2,	09	1	0,	48
2	4,	18	2	0,	96
3	6,	27	3	1,	44
4	8,	35	4	1,	92
5	10,	44	5	2,	39
6	12,	53	6	2,	87
7	14,	62	7	3,	35
8	16,	71	8	3,	83
9	18,	80	9	4,	31

St. Omer.

La somme de St. Omer était de 10 pi. cub· (de 12 po.) et 811 po. cub. ou 3st, 4452.

N°. 56.

Sommes.	$\frac{1}{4}$	$\frac{1}{2}$	$\frac{3}{4}$	$1\frac{1}{4}$	$1\frac{1}{2}$	$1\frac{3}{4}$	$2\frac{1}{4}$	$2\frac{1}{2}$	$2\frac{3}{4}$
Stères.	1	2	3	4	5	6	7	8	9
Centistères.	45	89	34	78	23	67	12	56	01
Stères.	3,	6,	10,	13,	17,	20,	24,	27,	31,
Sommes.	1	2	3	4	5	6	7	8	9

St. Pol.

On compte à St Pol par demi-cordes valant 44 pi. c. 1488 po. c. c'est-à-dire que la corde était de 89 pi .c. 1248 po. c. ou 3st, 0754. Comme il est aisé de passer d'une corde à une demi-corde et réciproquement, nous donnons la conversion des cordes en stères et des stères en cordes.

No. 57.

Cordes.	Stères.	Centistères.	Stères.	Cordes.
1	3,	08	1	$\frac{1}{3}$
2	6,	15	2	$\frac{2}{3}$
3	9,	23	3	1
4	12,	30	4	$1\frac{1}{3}$
5	15,	38	5	$1\frac{2}{3}$
6	18,	45	6	2
7	21,	53	7	$2\frac{1}{3}$
8	24,	60	8	$2\frac{2}{3}$
9	27,	68	9	3

BOIS DE CHARPENTE ET DE CONSTRUCTION.

On appellait solive la 72_e partie de la toise cube. C'est une pièce de bois de 2 toises de long sur 6 pouces, d'équarrissage etc. Nous allons la comparer au décistère, et le décistère à la solive. Il y a peu de différence entre eux.

No 58.

Solives.	Centistèr.	Stères.	Solives.
1	10	1	10
2	21	2	19
3	31	3	29
4	41	4	39
5	51	5	49
6	62	6	58
7	72	7	68
8	82	8	78
9	93	9	88

POIDS.

POIDS USITÉS AVANT 1800, OU POIDS DE MARC.

Les anciens poids avaient éprouvé aussi dans les provinces une certaine altération. Ainsi il y avait à Lille une livre di e poids pesant, qui valait 0,9432 de la livre poids de marc etc. Une livre poids léger, qui en était les 0,87 à 0,88. La livre d'Amiens valait 0,9433 de la livre poids de marc; celle d'Abbeville 0,862 etc.

Mais les poids de l'Artois s'étaient conservés assez intacts. Leur rapport au gramme est donc celui des anciens poids de marc.

Nous allons traiter d'abord des VRAIS POIDS anciens, usités jusqu'en 1800. Nous parlerons ensuite des prétendues livres, onces, etc. employées depuis 1812.

CONVERSION

Des anciens poids de marc en grammes, etc.

No 59.

Grains.	Centigram.	Onces.	Grammes.	Livres.	Kilogr.	Grammes.
6	32	1	31	1	0,	490
12	64	2	61	2	0,	979
18	95	3	92	3	1,	469
24	127	4	122	4	1,	958
36	191	5	153	5	2,	448
48	255	6	184	6	2,	937
54	362	7	214	7	3,	427
Gros.	Décig	8	245	8	3,	916
1	38	9	275	9	4,	406
2	77	10	306	10	4,	895
3	115	11	337	20	9,	790
4	153	12	367	40	19,	580
5	191	13	398	60	29,	370
6	229	14	428	80	39,	160
7	268	15	459	100	48,	951

CONVERSION

Des grammes , décagrammes, etc, en grains; gros, onces, etc, livres poids de marc.

No. 60.

Kilogram.	Livres.	Onces.	Gros:	Grains.
1	2.	0.	5.	35
2	4.	1.	2.	20
3	6.	2.	0.	33
4	8.	2.	5.	69
5	10.	3.	3.	32
6	12.	4.	0.	67
7	14.	4.	6.	30
8	16.	5.	3.	65
9	18.	6.	1.	28

Hectogr.	Livres	Onces.	Gros.	Grains.
1		3.	2.	11
2		6.	4.	21
3		9.	6.	32
4		13.	0.	43
5	1.	0.	2.	53
6	1.	3.	4.	64
7	1.	6.	7.	3
8	1.	10.	1.	13
9	1.	13.	3.	24

Décag.	Onces.	Gros.	Grains
1		2.	44
2		5.	17
3		7.	61
4	1.	2.	33
5	1.	5.	5
6	1.	7.	50
7	2.	2.	22
8	2.	4.	66
9	2.	7.	38

Grammes.	Gros.	Grains.
1		19
2		38
3		56
4	1.	3
5	1.	22
6	1.	41
7	2.	60
8	2.	7
9	2.	25

Poids Métriques depuis 1812.

La question qui intéresse ici le plus est celle des poids que le gouvernement a imposés au commerce depuis 1812, sous le nom de POIDS MÉTRIQUES.

On avait cru devoir appeler LIVRE MÉTRIQUE le demi-kilogramme ; puis, partager ce demi-kilogramme en 16 parties égales, nommés ONCES MÉTRIQUES; l'once métrique en 8 GROS MÉTRIQUES, et enfin le gros métrique en 72 GRAINS MÉTRIQUES.

Ce n'était donc que le système des nouveaux poids masqué sous les noms des anciens. Ce déguisement a retardé de près de trente ans la propagation en France de l'emploi du gramme, du kilogramme etc. ainsi que la connaissance des avantages de cette nouvelle unitié de poids qui se rattache si heureusement à l'unité de volume. On devra se souvenir que chaque centaine de grammes s'appelle encore hectogramme, et que chaque dixaine de grammes se nomme aussi décagrammes, de même que kilogramme veut dire mille grammes.

6*

CONVERSION

des anciens poids métriques depuis 1812, en grammes, décagrammes, hectogrammes et kilogrammes.

N°. 61.

Grains.	Décigram.	Centigram.	Onces.	Grammes.	Livres.	Kilogram.
6	3	3	1	31 1/4	1	1/2
12	6	5	2	62 1/2	2	1
18	9	8	3	93 3/4	3	1 1/2
24	13	0	4	125	4	2
36	19	5	5	156 1/4	5	2 1/2
48	26	0	6	187 1/2	6	3
54	29	3	7	218 3/4	7	3 1/2
Gros.	Gram	Déci	8	250	8	4
1	3	9	9	281 1/4	9	4 1/2
2	7	8	10	312 1/2	10	5
3	11	7	16	343 3/4	20	10
4	15	6	12	375	40	20
5	19	5	13	406 1/4	60	30
6	23	4	14	437 1/2	80	40
7	27	3	15	468 3/4	100	50

CONVERSION

Des Grammes, Décagrammes, Hectogrammes etc, en poids usités depuis 1812.

N°. 62.

Grammes.	Gros.	Grains.	Décagr.	Onces.	Gros.	Grains.	Hectogr.	Livres	Onces.	Gros.	Grains.	Kilogram.	Livres.
1		18	1		2	40	1		3	1	43	1	2
2		37	2		5	9	2		6	3	14	2	4
3		55	3		7	49	3		9	4	58	3	6
4	1.	2	4	1.	2	17	4		12.	6	29	4	8
5	1.	20	5	1.	4	58	5	1.				5	10
6	1.	39	6	1.	7	26	6	1.	3.	1	43	6	12
7	1.	57	7	2.	1.	66	7	1.	6.	3	14	7	14
8	2.	3	8	2.	4	35	8	1.	9.	4	58	8	16
9	2.	22	9	2.	7.	3	9	1.	12.	6	29	9	18

Les poids surtout pourront embarrasser beaucoup de personnes parce qu'ils sont d'un très-fréquent usage. Mais il est à remarquer que la plupart du temps, elles n'auront pas besoin de tenir à une rigoureuse exactitude. Ainsi par exemple, le consommateur de café, de tabac, etc.

qui en achetait au détail ce qu'on appelait une *once*, ne se croira pas dans la nécessité d'en avoir absolument la même quantité c'est à dire 3 décagrammes et un huitième ou 31 grammes et quart : il prendra alors 3 décagrammes ou 30 grammes, et ainsi du reste.

Voici, dans ce cas les rapports approchés qu'il conviendra d'adopter.

Au lieu de :   prendre :

une Once   30 grammes, ou l'équivalent moins $\frac{5}{4}$ de gramme.

un Gros   4 grammes, ou l'équivalent plus $\frac{3}{32}$ de gramme (presque un décigramme de trop.)

un Scrupule   13 décigrammes, ou l'équivalent moins $\frac{5}{24}$ de décigramme (environ $\frac{1}{3}$ de décigramme de moins.)

un Grain   5 centigrammes, ou l'équivalent moins $\frac{245}{576}$ de centigrammes (à peu près $\frac{5}{12}$ de centigramme de moins)

et réciproquement.

Remplacer :   par :

un décigramme   2 grains (un peu plus d'un dixième et demi de trop).

un gramme   20 grains (plus d'un grain et $\frac{1}{2}$ de trop).

un décagramme   2 gros (plus de 40 grains de moins.)

un hectogramme   3 onces (plus d'un gros et demi de moins)

Quant au Kilogramme, il vaut toujours précisément ce qu'on appelait en dernier lieu 2 livres.

Les différences ne sont pas tout à fait les mêmes que ci-dessus, quand il s'agit des véritables anciens poids de marc; mais ce n'est pas d'eux qu'il est ici question puisqu'ils sont depuis long-temps prohibés.

En résumé, les calculs des conversions sont bien simples quand on ne veut que des résultats approximatifs.

1o. Voulez-vous convertir des onces en grammes? Triplez le nombre d'onces, et décuplez ensuite le produit.

2o. Des gros en grammes? Quadruplez le nombre de gros.

3o. S'agit-il du scrupule? Prenez 13 fois le nombre des Scrupules et le résultat exprimera des décigrammes.

4o. Pour les grains, quintuplez-en le nombre et vous obtenez des centigrammes; ou bien la moitié du nombre des grains exprimera des décigrammes.

Voici deux exemples à l'usage de la médecine.

I.

Eau de laitue, 60 grammes . . . (pour 2 onces)
Sirop de nymphea, 45 g. . . . . (. une once et $\frac{1}{2}$)
Sirop de limon, 12 g. . . . . . (. . . 3 gros)
Ipécacuanha en poudre, 75 c. g. (. . 16 grains)
Eau de fleurs d'orangers, 15 g. (. . demi-once)

II.

Potion Purgative.

Scammonée en poudre . . . . 35 cg.
(pour 7 grains.)
Esprit de romarin . . . . ; 13 dg.
(pour 1 scrupule.)
Eau de fleurs d'orangers
Sirop de fleurs de pêchers } de chaque 30 g.
(pour une once.)

Voyez encore les exemples de conversion des poids et le calcul de leurs prix, page 109.

MONNAIES.

Celles des anciennes monnaies qui ont continué à circuler ont des valeurs trop bien connus pour qu'il soit nécessaire d'en donner des tableaux de conversion.

Nous rappellerons seulement, pour l'usage des personnes qui auraient à réduire encore quelquefois des livres tournois en francs que 81 livres tournois à la fin du 18e. siècle valaient 80 francs. Delà il résulte qu'une livre vaut 0f, 98765..., qu'un sou vaut 4 centimes, 938... qu'un denier fait 0, centime 4115....

C'est pour cela que le sou passe pour cinq centimes, et les pièces de 15 s et 30 s pour 0f, 75 et 1f, 50. Néanmoins la valeur intrinsèque de ces pièces est moindre que leur valeur nominale. Par ex. 27 pièces de 30 sous qui comptent pour 40f, 50 ne valent réellement que 40 f. puisqu'il font 41 livres et 10 sous.

DEUXIÈME PARTIE.

EXEMPLES

DE

COMPARAISON

des mesures entre elles.

Nous donnerons un exemple pour chaque genre de mesure. On se souviendra qu'il est d'usage de forcer d'une unité le chiffre auquel on veut s'arrêter dans un nombre décimal, quand le suivant est au moins 5, ou en général de prendre une unité de plus quand la fraction qu'accompagne le nombre est au moins ½.

Veut on par exemple convertir 2878 mètres en toises, pieds et pouces? on consulte la table des matières qui renvoie au tableau n°. 2 page 18 et 19.

On trouve alors que.

2000 mètres. . . . font 1026 T. 0 PI. 11 PO.
(en doublant la valeur de 1000 mètres.)
    800 . . . . 410.   2.   9.
     70 . . . . 35.   5.   6.
      8 . . . .   4.   0.   8.

d'où 2878 mètres   font 1476 T. 3 PI. 10 PO,
ou un peu plus de 1476 toises et demie.
Ainsi du reste.

MESURES DES LONGUEURS.

Toises et Mètres

La taille d'un homme est 5 PI. 4 PO. LI. $\frac{1}{2}$ quelle
est-elle en mètres et millimètres ?
Pour résoudre cette question, consultons le
tableau N°. 1 p. 15 et 16.
    5 PI. . . . font. 1^{m}, 624
    4 PO. . . . . . 0 , 108
    8 LI. . . . . . 0 , 018
    $\frac{1}{2}$ . . . . . : 0 , 001

5 PI. 4 PO. 8 LI. $\frac{1}{2}$ f. 1^{m}, 751 soit 1^{m} et 751 millim.

Aunes du pays et mètres.

On achetait 3 au. $\frac{7}{8}$ d'Arras, combien de mètres devra-t-on prendre en place ?

D'après le tab 6. p. 25, on trouve que :

$$3 \text{ aunes font } 2^m, 11$$
$$\frac{7}{8} \text{ (ou le 8 de 7 aunes) } 0 \ , 62$$

par conséquent 3 au $\frac{7}{8}$ 2^m, 73 soit 2^m 73 centim.

AUNES MÉTRIQUES

depuis 1812 et mètres.

A combien d'aunes métriques reviennent 4^m, 51 (4 mètres 51 centimètres) ?

Suivant le tableau N° 26 page 46, 4^m. font 3 A $\frac{1}{3}$; puis d'après le tableau N° 27 page 47 on trouve que 50 centimètres (pour 51) font $\frac{5}{12}$ or $\frac{1}{3}$ fait d'ailleurs $\frac{4}{12}$ qui ajoutés à $\frac{5}{12}$ donnent $\frac{9}{12}$ ou $\frac{3}{4}$ en sorte que 4^m, 51 (4^m. 51 centimètres) font environ 3 A$\frac{3}{4}$ (valeur exacte de 4^m $\frac{1}{2}$).

Lieues et Kilomètres-

La distance de Paris à Arras est fixé par la loi à 193 KM. ; à combien de lieues de Brabant revient-elle ?

Le tableau N° 28, p. 49, indique que :

100 km font 18 li. de Brabant.
90   16
3   0, 54
———   ———

193 km font 34, 54 lieues de Brabant,
soit 34 lieues et demie.

MESURES DES SUPERFICIES.

Toises quarrées, etc. et mètres quarrés.

Combien vaut en mètres quarrés et décimètres quarrés une étendue de 25 T. Q. 34 PI. Q. 108 PO. Q.?

Consultons le tableau N°. 29, p. 50, nous trouverons que.

20 T. Q. . . . . font 75 mèt. q.	97	déci. q.
5 18,	99	
30 PI. Q . . . . 3.	17	
4 0,	42	
100 PO. Q.	7	
8	1	

(on prend 1 décim. quar. pour 59 centim Q.)

conséq. 25 toises q. 34pi. q. 108po. q. font 98mèt. q. 63 déci. q.

Mesures de terre, Ares et Centiares etc.

PREMIER EXEMPLE. — Combien d'hectares, ares et centiares contient une terre de 27 mesures

3 boitelées et demie, (mesure d'Arras, Hesdin, S. Pol, Lens, etc.) ?

La boitelée étant le quart de la mesure vaut 25 verges, en sorte que 3 boitelées et demie font 87 v. $\frac{1}{2}$; c'est donc 27 mesures 87 verges et demie à évaluer.

D'après les tab. 31 et 32, pages 54 et 55.

20 mesures font 8, hect 58 ares 29 centiares.
7 . . . , ... , . . 3,   00   40
— 80 verges. 34   33   17 100es de c. a.
7 3   00   40
$\frac{1}{2}$ verge. 21   45

En sorte que 27 m. 27 v. $\frac{1}{2}$ f. 11 hect. 96 ares 24 centi. 02. (on négligera les 2 centièmes de centi).

DEUXIÈME EXEMPLE — Une terre du canton de Vitry est de 7 hectares 28 ares 49 centiares ou 7 hectares 28 ares et demie. Quelle est sa valenr en mesure d'Ostrevent ?

Afin de l'obtenir nous nous servirons du tableau N° 42, p. 68, pour les hectares et du tableau N°. 44, p. 70 pour les ares et centiares.

Selon le tableau No 42.
7 hectares, ... font 15 mesures 61 verg.
Selon le tableau No 43.
20 ares . . . . , . . . 56   39 centi.
8 22   56
$\frac{1}{2}$ are 1   41

7 H. A. 28 Ares et demi., font 15 mesures 141 verg. 36 cmes. ou 100es.

Et comme 127 v. $\frac{1}{2}$ font ici une mesure, on obtient 16 mesures et 14 verges.

MESURES DES VOLUMES.

Toises cubes etc, et mètres cubes, etc.

Combien y a-t-il de mètres cubes et décimètres cubes dans 13 to. c. 204 pi. c. 1409 po. c. ?

Consultons le tableau N° 45, p. 72.

10 toises cubes	valant 74 , m. c,	039 décim. c
3 . . . . . . , ...	22	212
200 pi. c.	6,	855
4	0,	137
1000 po. c. . . .	0,	020
400	0,	008
9	0,	000
13 t. c 204 pi c 1409 po. c. val.	103, mèt. cub.	271 décim. c.

Mesures de bois et stères.

1. Combien de stères de bois y a-t-il dans 5 cordes de Lillers et 39 faisceaux ?

Le tableau N° 54 et 55, p. 90 et 91, donne :

pour 5 cordes.	10, st.	44 centistè.
30 faisceaux	0,	63
(décupler la valeur de 3 faisceaux) . . .		
. . . . 9 . . . . . . , ...	0,	19
donc 5 cordes et 39 faisceaux font	11, st.	26 centistè.

II. Combien 4 st. et $\frac{1}{3}$ de bois dur font-ils en sommes et marques, de Calais ?

Suivant le tableau N° 52, p 88.

4 stères . . . . , . font.	15 sommes	34 marques.
$\frac{1}{3}$ . . . . . fait. . . . , . . ,	1 ------	18
4 stères $\frac{1}{3}$ . . . r , ...	16 ------	52 marques.

POIDS.

POIDS DEPUIS 1812 ET GRAMMES KILOGRAMMES, etc.

I. Un pain de sucre pèse 8 kilog., 235 c'est à dire
8 kilogrammes 2 hectogrammes 3 décagrammes,
et 5 grammes; que pèse-t-il en livres, onces, etc,
(métriques) ?

D'après le tableau N°. 62, p. 99.

8 kgr. . . . . . font 16 livres
  2 н. g. . . . . 6 onc. 3 Gros 14 Grains.
   3 D. g . . . . 7 -- 49
    5 g . . . . . , ... 1 -- 20

8 к,235 (gr.) font 16 li. 7 onc, 4 Gros 11 Gr. ou un peu
plus de 16 livres 7 onces et demie.

II. Réciproquement, combien 16 liv. 7 onc. 4
gros, font ils en Kilogrammes et Grammes.

Le tableau N° 61, p. 98 donne

pour 10 liv. . . . . 5 KG.
. . . . 6 3
. . . . . , . . 7 onces. . . , . , . . . 0, 218 gram. $\frac{3}{4}$
. . . . . . , . . . 4 Gr. , ... 0, 016

Ainsi 16 liv 7 onc, 4 gros . . font . . 8, kil. 234 gram. $\frac{3}{4}$

soit 8 kilogr. 235 grammes,

FIN.

TABLE

DES

MATIÈRES.

PREMIÈRE PARTIE.

MESURES DES LONGUEURS.

Toises, Pieds, etc.

Aune Métrique,

ou grande aune du Gouvernement depuis 1812 jusqu'en 1840,

Mesures Itinéraires.

MESURES DES SUPERFICIES.

MESURES DES VOLUMES.

Autres Mesures de capacités,

Grains et autres matières sèches.

MONNAIES,

FIN DE LA TABLE DES MATIÈRES.

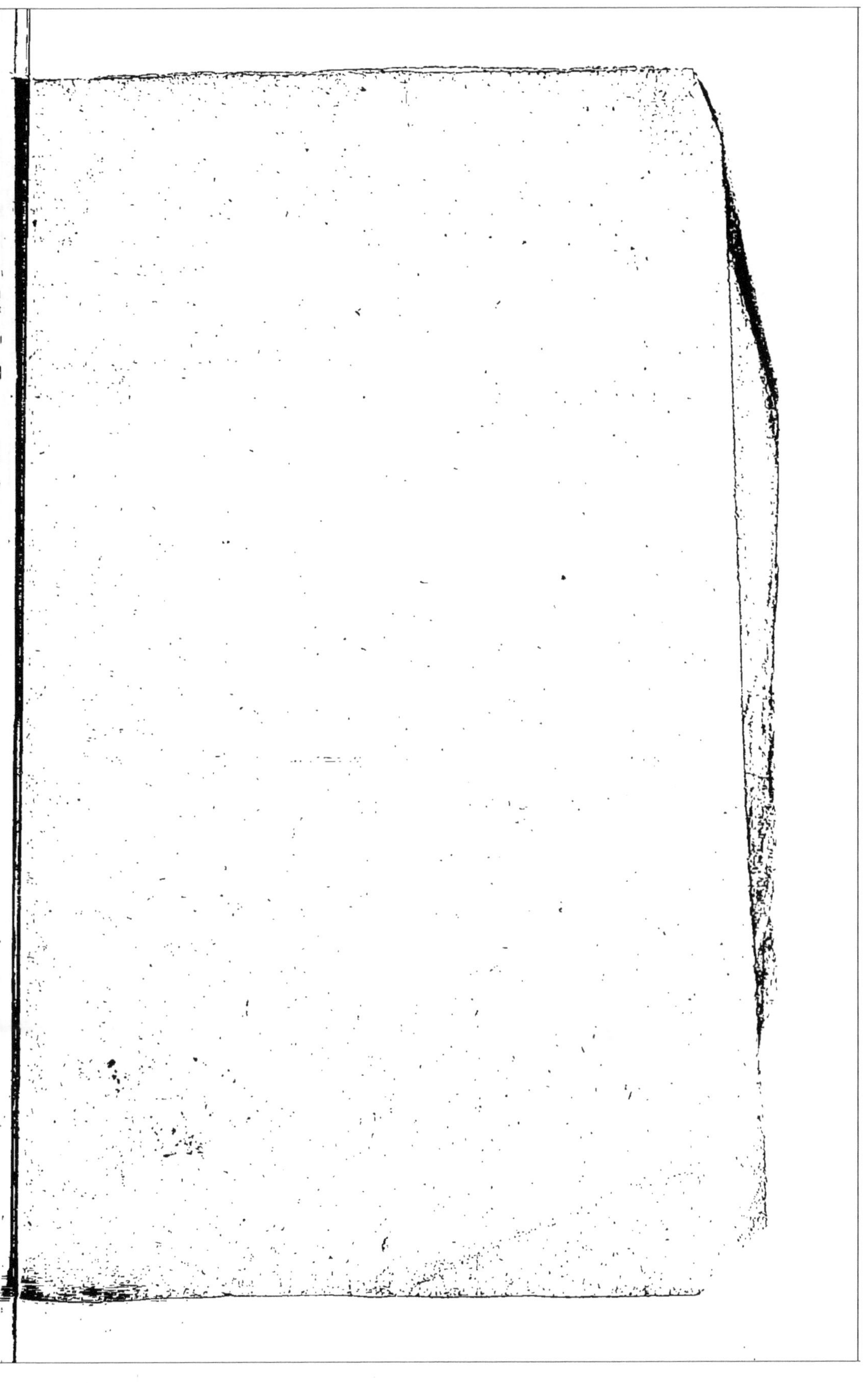

www.ingramcontent.com/pod-product-compliance
Ingram Content Group UK Ltd.
Pitfield, Milton Keynes, MK11 3LW, UK
UKHW022359090726
13658UKWH00002B/719